- 国家自然科学基金（31860540）
- 内蒙古自治区科技攻关项目（20060202）
- 内蒙古自治区自然科学基金（2015MS0317）
- 内蒙古自治区高等学校科学研究（NJ10065）

U0323676

苹果腐烂病及其防治机理研究

◎马　强　李正男　编著

中国农业科学技术出版社

图书在版编目（CIP）数据

苹果腐烂病及其防治机理研究／马强，李正男编著 . —北京：中国农业科学技术出版社，2019.6

ISBN 978-7-5116-4190-8

Ⅰ.①苹⋯　Ⅱ.①马⋯②李⋯　Ⅲ.①苹果–腐烂病–防治–研究　Ⅳ.①S436.611.1

中国版本图书馆 CIP 数据核字（2019）第 089673 号

责任编辑　　徐定娜
责任校对　　李向荣

出 版 者　　中国农业科学技术出版社
　　　　　　北京市中关村南大街 12 号　邮编：100081
电　　话　　（010）82109707　82105169（编辑室）
　　　　　　（010）82109702（发行部）　（010）82109709（读者服务部）
传　　真　　（010）82109707
网　　址　　http://www.castp.cn
经 销 者　　各地新华书店
印 刷 者　　北京建宏印刷有限公司
开　　本　　787mm×1 092mm　1/16
印　　张　　9.75
字　　数　　232 千字
版　　次　　2019 年 6 月第 1 版　2019 年 6 月第 1 次印刷
定　　价　　58.00 元

前　言

苹果，在我国果树产业中无论栽培面积还是产量都占有重要地位，也是我国果业市场强有力的支柱。然而，苹果树腐烂病的发生给果农带来了巨大的损失。我国苹果产区都有严重腐烂病爆发，该病已经成为威胁我国苹果产业的主要病害。因其具有弱侵染、弱寄生、潜伏期长的特点，在防治和根除方面具有很大的困难。目前，我国防治苹果树腐烂病的研究取得一定成果，但并未达到理想状态。深入研究其致病病原菌及其致病机理方可达到彻底根除的目的。

我们从青霉素诱导树体抗病性的角度对苹果树腐烂病致病机理展开研究，发现病原菌在侵染时分泌大量果胶酶；通过高效液相色谱法，对腐烂病纯菌进行分析，明确病原菌的侵染环境必须有根皮苷的存在，二者存在一定的关系；我们也研制出了一种以产黄青霉菌及代谢产物为主要成分的能够有效治愈苹果树腐烂病的新型生物农药。

本书共7章，参加本书编写人员分工如下：第一章、第二章、第三章由李正男编著；第四章、第五章、第六章、第七章由马强编著。在个人编著的基础上，由马强统一统稿。李正男完成字数5.2万，马强完成字数18.0万。

本书凝聚了作者多年潜心研究的经验与成果，力求科学、严谨，能够提供给读者实用的信息。本书可指导果农科学合理地用药防治苹果腐烂病，也可供苹果腐烂病的科学研究者们及广大高校师生参考。若有不足之处，恳请广大读者批评指正。

本书涉及作者的研究内容以及书稿的出版得到了国家自然科学基金（31860540）、内蒙古自治区科技攻关项目（20060202）、内蒙古自治区自然科学基金（2015MS0317）、内蒙古自治区高等学校科学研究（NJ10065）项目的资助。

目 录

第1章 绪 论 ……………………………………………………………… 1

1.1 苹果腐烂病的研究进展 …………………………………………… 3

1.2 苹果腐烂病的防治 ………………………………………………… 7

1.3 产黄青霉素剂概述 ………………………………………………… 11

第2章 青霉素防治苹果树腐烂病机理的研究 ……………………… 15

2.1 材料和方法 ………………………………………………………… 17

2.2 结果分析 …………………………………………………………… 20

2.3 讨 论 ……………………………………………………………… 29

2.4 结 论 ……………………………………………………………… 30

第3章 苹果树腐烂病病原菌鉴定及无公害防治新技术的研究 …… 33

3.1 材料和方法 ………………………………………………………… 35

3.2 结果分析 …………………………………………………………… 39

3.3 讨 论 ……………………………………………………………… 53

3.4 结 论 ……………………………………………………………… 54

第4章 青霉素对苹果树腐烂病中根皮苷影响的研究 ……………… 57

4.1 材料和方法 ………………………………………………………… 59

4.2 结果与分析 ………………………………………………………… 60

4.3 讨 论 ……………………………………………………………… 74

4.4 结 论 ……………………………………………………………… 75

第5章 防治树木腐烂病新药物效果的研究 ………………………… 77

5.1 材料与方法 ………………………………………………………… 79

5.2 结果分析 …………………………………………………………… 83

5.3 讨 论 ……………………………………………………………… 90

5.4 结 论 ……………………………………………………………… 91

第 6 章　青霉菌和壳寡糖对苹果树腐烂病防治的研究 ······· 93

　6.1　试验设计与方法 ······· 95

　6.2　结果与分析 ······· 98

　6.3　结　论 ······· 108

　6.4　讨　论 ······· 109

第 7 章　新型生物农药对苹果树腐烂病的防治研究 ······· 111

　7.1　材料和方法 ······· 113

　7.2　结果与分析 ······· 117

　7.3　结　论 ······· 127

　7.4　讨　论 ······· 128

参考文献 ······· 129

第1章 绪 论

1.1 苹果腐烂病的研究进展

1.1.1 苹果腐烂病发生的危害

1.1.1.1 苹果腐烂病危害的对象

苹果，蔷薇科苹果属在我国果树产业中栽培面积最大、产量最高。近年来随着我国苹果生产的迅速发展，中国已经成为世界第一苹果生产大国，苹果栽培面积和产量均居世界首位。据 2003 年统计，世界苹果面积 7 894.7 万亩（1 亩 ≈ 666.7 m^2，1 hm^2 = 15 亩，全书同），产量 5 796.7 万吨。其中我国苹果面积和产量分别为 2 850 万亩和 2 110 万 t，分别占世界苹果面积和产量的 36.1% 和 36.4%，均位居世界苹果主产国之首。苹果的面积和产量分别占全国水果面积和产量的 20.1% 和 27.9%，是柑橘面积和产量的 1.26 倍和 1.57 倍，也居我国水果之首。逐步成为我国国民经济的重要组成部分，既增加了农民收入，促进了出口创汇，又提高了人民的生活质量。

梨，蔷薇科梨属果实通常用来食用，不仅味美汁多，甜中带酸，而且营养丰富，含有多种维生素和纤维素，不同种类的梨味道和质感都完全不同。梨既可生食，也可蒸煮后食用。在医疗功效上，梨可以通便秘、利消化，对心血管也有好处。在民间，梨还有一种疗效，把梨去核，放入冰糖，蒸煮过后食用还可以止咳；除了作为水果食用以外，梨还可以作观赏之用。

杨树，杨柳科杨属共 100 余种（人工杂种或品种除外），我国约 61 种（包括 6 杂种），其中国产 53 种（包括 3 个存疑种），分布于北纬 25°～53°［东经 80°～134°］的范围。

柳树，杨柳科柳属多为园林绿化和水土保持树种。柳树是修复环境污染首选树种，柳树一般被认为是重金属高积累者。柳树是最适宜短轮伐期树种，是最理想的能源树种。柳树是我国造林树种之一，广泛栽培于河滩、河湖堤岸、以及渠道边及村宅旁，在农区林业生态系统中发挥重要作用，是我国许多地区植物种群中重要组成部分，有多种经济用途，主要作为木材和生产纸浆，还可以用作炭薪林。

槐树，蝶形花科槐属多年生落叶乔木。主产于辽宁、河北、河南、山东、安徽及江苏等省，中国南北各地普遍栽培。槐树材质坚硬，有弹性、纹理直，易加工，耐腐朽，是建筑及制作农具、家具、车船等的好用材；由于树冠大、枝叶繁茂、花期较长，是极好的行道树种。接穗龙爪槐为国槐的变种，小枝弯曲下垂，树冠呈伞状。

李树，蔷薇科李属多是我国北方的重要经济林木之一，广泛分布于我国北方各省，它不仅可以创造经济效益，而且还有很强的观赏性，可用于荒山的改造与绿化。据统计，1996 年我国李树面积达 24.1 万 hm^2，产量达 150.8 万 t。李子营养丰富，富含多种维生素、有机酸和矿物质等，具有很高的商品价值。李子果实中含有钙、磷、铁、胡萝卜素、抗坏血酸以及多种氨基酸等营养成分。

1.1.1.2　苹果腐烂病发生规律和特点

苹果腐烂病病菌以菌丝体、分生孢子器、分子孢子角在树皮上越冬，也能以菌丝形态在病疤木质部内越冬。全年分 4 个阶段，有 2 个静止期和 2 个发病高峰期：一是早春 2 月下旬至 3 月，苹果树发芽前后果园出现的新病斑数多，病斑的扩展速度快，占到全年总量的 70% 左右，是"第一个高峰期"，也是全年危害相对严重的时期。二是 5 月以后苹果树进入生长期，夏季是果树活跃生长期，不利于病菌扩展致病，新病斑很少出现，旧病斑又变软扩大，出现 1 次小发病高峰，病状明显，但扩展缓慢，此期的发病量只占全年总量的 20% 左右，是"第 2 个高峰期"，称为"秋季高峰期"。三是 11 月后到次年 2 月，天气渐冷，病菌虽在树皮下扩展，但速度较慢。该病又进入一个"冬季相对静止期"。

主要为害枝干，也为害果实。症状有溃疡、枝枯和表面溃病 3 种类型。溃疡型在早春树干、枝树皮上出现红褐色、水渍状、微隆起、圆至长圆形病斑，质地松软，易撕裂，手压凹陷，流出黄褐色汁液，有酒糟味，后干缩，边缘有裂缝，病皮长出小黑点，潮湿时小黑点喷出金黄色的卷须状物，即行分散；枝枯型在春季 2～5 年生枝上出现病斑，边缘不清晰，不隆起，不呈水渍状，后失水干枯，密生小黑粒点；表面溃疡型在夏秋落皮层上出现稍带红褐色、稍湿润的小溃疡斑，边缘不整齐，一般 2～3 cm 深，指甲大小至几十厘米，腐烂后干缩呈饼状，晚秋以后形成溃疡斑。

1.1.2　病原菌的种类及特点

由于病原菌有分生孢子、子囊孢子两种表现类型，且处于不同时期，所以，其中之一属子囊菌亚门。子囊菌亚门属于真菌界，真菌门，本亚门下分半子囊菌纲、不整囊菌纲、核菌纲、腔菌纲、虫囊菌纲、盘菌纲 6 纲。核菌纲是子囊菌亚门最大的一纲，它又分为 4 个目即白粉菌目、球壳菌目、小煤炱目、冠囊菌目，白粉菌目；重要的属有单丝壳属，叉丝单囊壳属、球针壳属、白粉菌属、叉丝菌属、钩丝菌属、布氏白粉菌属；小煤炱目的属有小煤炱属；球壳菌目的重要属有长喙壳属、疔座壳属、绒座壳属、黑腐皮壳属、赤霉属。腔菌纲又分为 3 个目，即多腔菌目、座囊菌目、格孢菌目，多腔菌目的属有痂囊腔菌属；座囊菌目的属有球腔菌属和球囊菌属；格孢菌目的属有黑星菌属、旋孢腔菌属、格孢菌属、核腔菌属。盘菌纲又分为 7 个目，与植物病害有关的只有两个分别是黑裂菌目和柔膜菌目，常见的属有核盘菌属、链核盘菌属、拟盘菌属。

苹果树腐烂病主要分布在中国、日本和朝鲜。在我国苹果产区都有严重发生，主要分布在东北、华北、西北地区各省以及华东、华中及华南的部分省区。调查研究表明，苹果树腐烂病是目前威胁我国苹果产业的主要病害，已有不少果园因为腐烂病导致毁园，损失相当严重。腐烂病可以分为 3 种类型：弥散性溃疡、多年生溃疡、一年性溃疡。1903 年首先在日本发现该病。中国于 1916 年在辽宁省南部地区发现苹果腐烂病。

1948—1949 年及 1960 年曾两度在辽南地区大流行。该病除危害苹果外，还能危害沙果、海棠、山荆子等苹果属树木。

梨树腐烂病多发生在主干、主枝、侧枝及小枝上，有时主根基部也受害。病部树皮腐烂多发生在树干向阳面及枝杈部。初期稍隆起，水浸状，按之下陷，轮廓呈长椭圆状。病组织松软、糟烂，有的溢出红褐色汁液，发出酒糟气味，一般不烂透树皮，但在衰弱树及西洋梨上则可穿透皮层达木质部，引起枝干死亡。当梨树进入生长期或活动一段时间后，病部扩展减缓，干缩下陷，病健交接处龟裂，病部表面生满黑色小粒，即子座及分生孢子器。潮湿时形成淡黄色卷丝状孢子角。在健壮树上，伴随愈伤组织的形成，四周稍隆起，病皮干翘脱落，后长出新皮及木栓组织。

杨树腐烂病表现为干腐及枯梢两种类型 FFOC 干腐型主要发生在主干、大枝及树干分岔处，发病初期病部呈暗褐色水渍状斑，略微肿胀，病部皮层组织腐烂变软，皮下有酒糟味，手压病部有水渗出，随后树皮失水干缩下陷，呈龟裂状。病部呈现浅砖红色，病斑有明显的黑褐色边缘。后在病斑上长出许多针头状小关起（病菌分生孢子器），潮湿后自针头状小关起中挤出梧红色胶质卷丝状分生孢子角。受病组织皮层变成暗褐色，糟烂，纤维细胞分离，并易与木质部分开。腐烂部位有时可深达木质部。当发展到环绕树干一周后，全枝及整株逐渐死亡。秋季，在死亡的病组织上会长出一些黑色小点，即病菌的子囊壳。二是枯枝型，主要发生在 1～4 年幼树或大树枝条上，发病初期呈暗灰色，病部迅速扩展，环绕枝条一周后枝条便死亡，后期在病枝上形成许多散生的分生孢子器，并在死亡的枝条上形成许多子囊壳。大部分杨树品种都可受到侵染，除危害杨树外，也为害柳树、榆树、槐树、板栗、桑树等树木，常引起行道树和防护林大量枯死，导致造林失败，新移栽的杨柳树发病尤重，发病率可达 90% 以上，是杨树最重要的一类病害。

柳树腐烂病病斑多生于树干、主侧枝及小枝。发病初期皮层呈暗褐色湿腐并略隆起，以后病部失水呈干腐并下陷，后期长出密集的黑褐色具孔口的小突起埋生在表皮内的分生孢子器，秋季病原菌形成烧瓶状子囊壳。为害旱柳、垂柳的枝干。

槐树腐烂病两种类型：①多发生在 2～4 年生大苗的主茎及大树的 1～2 年生小枝上。病斑初呈黄褐色水渍状，近圆形，渐发展成为梭形，长径 1～2 cm。较大的病斑中央稍下陷，软腐，有酒糟味，呈典型湿腐状。约经 20 d 病斑中央出现橘红色分生孢子堆，并破皮而出。如病斑尚未环切树干，当年可愈合，且以后一般无发展现象。②感病槐树的年龄和发病部位与前者相同，感病初期的症状也相近，病斑初呈圆形，黄褐色，但色较浅，边缘紫红色或紫黑色。长径 20 cm 以上，发展迅速，可环切树干，后期病部形成许多小黑点，病斑下陷或开裂，当年一般不再扩展，但四周很少产生愈合组织，次年仍有复发现象。

李树流胶病（又称干腐病）是在果树上普遍发生的一种病害，该病害在核果类果树桃、樱桃、李、萘、杏、梅上发病严重，遍及我国桃、樱桃、柠檬、柑橘产区。李树流胶病可分为侵染性和非侵染性两种。侵染性病害主要发生在树体的主干和主枝的桠杈处,果实也可发病。流胶处树皮开裂,病部组织逐步变色直至坏死。随着侵染部位的扩大和流胶量的增加,造成韧皮部、木质部的大面积坏死,直至树体死亡。果实受害时,胶体渗出果面,果肉发硬,不能食用。该病主要为害当年生的枝条。据1998年调查,该病的暴发区,李树感病率达100%,成片李树枯死。此外,由于该病同时还可侵染桃、杏、梅等其他核果类果树,危害性极大。

1.1.3 病原菌对苹果树及相关树种的作用机理

国内外学者关于苹果树腐烂病致病机理进行了大量研究。认为果胶酶等细胞壁水解酶在病菌侵染过程中起重要作用,刘福昌等(1979)首先在病菌的培养滤液中检测到活性极强的果胶酶,同时在受病菌侵染的病组织中也检测到活性极强的果胶酶存在;柯希望等(2013)通过研究寄主与病菌互作过程中的组织病理学变化,推测果胶酶在病菌的侵染中起重要作用;许春景等(2016)根据苹果树腐烂病菌转录组结果分析表明,有三个果胶酶基因在病菌侵染过程中上调表达倍数最高,分别为多聚半乳糖醛酸酶(*Polygalacluronase*,PG)基因 *Vmpg7* 和 *Vmpg8*,果胶裂解酶(*Pectate Lyase*,PL)基因 *Vmol4*,明确这三个果胶酶基因在病菌致病过程中的作用,可进一步探究 *V. mali* 的致病机理。根皮苷是重要的酚类化合物,苹果树组织中根皮苷含量丰富,占到苹果树体内酚类物质总含量的95%。近年来,王建华等(2013)的研究也表明,苹果树组织中的主要成分根皮苷可以被病菌降解,其代谢产物对苹果树体组织具有毒素作用,因此认为根皮苷的代谢产物在病菌侵染中也发挥重要作用。多种根皮苷的代谢产物都能够引起苹果树表皮的溃疡症状(*Bessho et al*,1994)。同时对 *Cytospora* 其他种的研究中还发现,病菌的培养液中存在具有毒素活性的草酸以及一些小分子的肽等物质,因此推测这些物质也可能在病菌的扩展过程中起重要作用(*Traquair*,1987;*Svircev et al*,1991)。然而,这些研究都局限于证明病菌的培养液中存在可能导致病害发生的因子,并没有直接的证据表明何种物质与病菌的侵染致病相关;由此可见,苹果黑腐皮壳菌的致病过程是一个相当复杂的寄主与病原菌的互作过程,这一过程可能有细胞壁水解酶类的参与,也有毒素等小分子物质的参与,这些与致病相关的物质之间是否存在相互联系,以及这些物质对病菌的侵染究竟起何作用,仍需要进一步的实验证据。随着研究的不断深入,对于病菌致病机理的认识一方面认为果胶酶等细胞壁水解酶在病菌侵染过程中起重要作用。刘福昌等(1979)首先在病菌的培养滤液中检测到活性极强的果胶酶,同时在受病菌侵染的病组织中也检测到活性极强的果胶酶存在,因而推测果胶酶在病菌的侵染中起重要作用。近年来,王娟等(2009)以及王建华等(2013)的研究也表明,果胶酶可能是病菌侵染致病的重要因子之一。另一方面的研究则表明,苹果组织中的主要成分根皮苷可以被病菌降解,其代谢产物对苹果组织具有毒素作用,因此认为根皮苷的代谢产物在病菌侵染中也发挥重要作用。苹果树的各个部分,包括叶片、枝干、果实,甚至根部都有根皮苷的分布,而苹果树腐烂病菌能够很好的代谢根皮苷,多种根皮苷的代谢产物都能够引起苹果树表皮的溃疡症状（Bessho et al，1994）．Natsume 等通过生物学测定和生物化学的方法，在催病的病斑和添加了根皮苷的苹果树腐烂病菌培养液中都检测到了根皮苷的代谢产物，主要包括五种，即对氢基苯丙酸（3-印-hydroxyphenyl）propionicacid），间苯三酚（phloroglucinol），对氢基苯乙酮（p-hydroxyacetophenone），对氢基苯甲酸（p-hydroxy-benzoic acid）和原儿茶酸（protocatechuic acid），而且，这些根皮苷的代谢产物能够在离体的苹果嫩枝上产生和田间病原菌自然侵染相似的症状，这些现象表明根皮苷的代谢产物在苹果树腐烂病菌病斑的扩展过程中发挥了极其重要的作用（Natsume et al，1982）。同时对 Cytospora 其他种的研究中还发现，病菌的培养液中存在具有毒素活性的草酸以及一些小分子的肽等物质，因此推测在这些物质也可能在病菌的扩展过程起重要作用（Traquair，1987；Svircev et al，1991）。然而，这些研究都局限于证明病菌的培养液中存在可能导致病害发生的因子，并没有直接的证据表明何种物质与病菌的侵染致病相关，也没有关注寄主与病菌互作过程中的组织病理学变化。由此可见，苹果黑腐皮壳菌的侵染致病过程是一个相当复杂的互作过程，这一过程可能有细胞壁水解酶类的参与，也有毒素等小分子物质的参与，这些与致病相关的物质之间是否存在相互联系，以及这些物质对病菌的侵染究竟起何作用，仍需要进一步的实验证据。

1.2　苹果腐烂病的防治

1.2.1　苹果腐烂病危害的化学防治

对苹果腐烂病的药剂防治，在 20 世纪 50 年代早期曾试图采取适期喷施保护性杀菌剂，杜绝病菌侵染，以预防发病，但未能获得预想结果。20 世纪 60 年代初研究发现，腐烂病菌具有潜伏侵染特性，苹果树体带菌普遍。药剂防治的研究遂改变方向，从保护剂的研究转向筛选具铲除效能的杀菌剂或内吸杀菌剂方面。

施药前的处理在施药前要进行刮皮处理。陈策等（1981）刮除表面溃疡和粗皮，挖除干斑，剪除干病枝。杨洪瑞等（1985）将主干和主枝基部 0.5 m 以下部位的粗皮刮除。刘志坚等（1992）沿病斑周围用刀割一条深达木质部的封闭圈，然后纵横交叉割条，使之成 1 cm² 左右的小格。阎应理（1983）则刮除落皮层以及树上粗皮和枯死组织，特别注意刮去隐芽周围、枝干部位及向阳面的落皮层。为避免刮治后病疤重犯，应在病疤周围进行周边刮皮，以避免在落皮层发生。王金友等（1986）根据病疤重犯的原因，提出防治病疤重犯应该首先抓住及时刮除树皮浅层病变的环节，即夏、秋季刮除表面溃疡，果实采收后至入冬前，结合刮老翘皮，清除没烂到木质部的小病块。袁甫金等（1981）的重刮皮试验表明，果树生长期间，将主干和主枝的树皮刮去其厚度的 1/3～1/2，防治效果显著。高克祥等（1995）认为，在防治该病时，果园内病原清理的好坏，直接影响到果园内的病原菌多少及其侵染和发病数量，尤其是春季处理作用显著。因而，在防治腐烂病的措施中，应该重视清除病原，搞好果园卫生。

日本 20 世纪 70 年代主要应用的药剂有：甲基托布津、多菌灵、苯来特、苯菌灵可湿性粉剂、石硫合剂、甲基托布津膏剂和碱性碳酸铜与五氯酚钠组成的 50% 可湿性粉剂与矿油乳剂构成的混剂。国内 20 世纪 60—70 年代主要应用的药剂和方法如下。

（1）用 5 度石硫合剂、80 倍硫酸铜液或 1 000 倍的升汞水进行伤口消毒，然后再涂煤焦油保护，可减少病疤重犯率，并兼有减轻木质部腐朽的作用，同时伤疤愈合良好，无任何药害现象。

（2）刮去病变组织，涂砷酸铅 100 倍液，药干后涂桐皂剂保护。

（3）对病疤进行刮治后，立即以特平液消毒，干后涂保护剂（10% 水胶+石膏 2 份+退菌特 1 份），可获得良好的防治效果。

（4）在苹果树发芽前和采果后喷 100 倍氟硅酸液 2 次，预防作用不亚于石硫合剂；用 50 倍液氟硅酸进行病疤消毒优于 5 度石硫合剂。

（5）使用 0.5 kg 退菌特，加 25 kg 水，再加渗透剂 0.25 g，防治效果较好。

进入 20 世纪 80 年代以来，使用的药剂种类和剂型越来越多，方法也在不断改进。

（1）福美砷：应用剂型和浓度主要是 40% 可湿性粉剂 50～100 倍液，方法为涂抹法和喷布法。用 50 倍液，防治病疤重犯，1 年涂 2～3 次优于只涂 1 次。春、夏季涂药效果较好。在抑制旧斑的复发和防治新病斑产生方面，高浓度比低浓度效果明显。福美砷浓度以 70～80 倍液较为经济有效。

（2）腐殖酸钠：是一种病疤新型保护剂。腐殖酸钠处理的病疤复发率低于砷平液，而处理后的愈合量高于砷平液，对伤口有保护作用，并能促进新皮的正常形成。腐殖酸钠 100 倍液+福美砷 100 倍混合液的防病效果，都好于腐殖酸钠加福美砷，再加煤油或硫酸铜的组合及作对照的石硫合剂。

（3）黄腐酸：主要是用 1% 和 2% 的黄腐酸药剂或 1% 黄腐酸药泥，涂抹刮皮后的病斑，愈合快，没有复发，且无灼伤活组织的干边现象，效果优于甲基托布津或砷平液。

（4）843 康复剂：是一种毒性低、无残毒的复方杀菌剂。在苹果生长季节涂药，防治效果比福美砷 50 倍液和石硫合剂原液好。刮治涂药后一周内，伤口即可愈合。涂药面没有坏死组织，愈合部位皮色正常、光滑。一个月可长出 5 cm 新皮。连续生长 3 a 伤口处可愈合封口。

（5）别腐烂：刘桂珍等（1988）用 300～1 000 倍液进行小区和生长试验，防治效果均在 96.8% 以上，愈伤组织生长明显。

（6）田安：是高效低毒的治疗剂。用田安 2.5 倍液防治腐烂病，治疗效果 95.2%，愈伤组织生长良好。

20 世纪 90 年代以后相继研制出高效无残毒的新农药较多。有化学药剂，生物类及复合制剂。同时剂型上也有了重大改进。

（1）安索菌毒清：以代替残毒的福美砷防治苹果腐烂病。该药剂对腐烂病菌孢子有很强的杀灭能力，浓度等于或高于 1 ug/g 时，病菌孢子不能明发。抑菌中量 ED50 为

19. 19+1. 64μg/g，且残效期达 45d 以上。用 5%安索菌毒清 50～100 倍液涂抹刮皮后的病斑 2 次，或在病斑割条后涂药 2 次，治愈率达 49%～100%；用 5%安索菌毒清 500 倍液作铲除剂，初冬或早春喷大枝主干，预防效果达 90%以上。

（2）室内 20%苯扬粉乳油：药效测定结果表明，20%苯扬粉乳油 50～100 倍液对苹果腐烂病菌有显著的抑菌作用，特别是对抑制病菌孢子萌发的作用优于 40%福美砷。田间防治试验结果表明，20%苯扬粉乳油 50～100 倍液对苹果腐烂病菌侵染有良好的铲除作用。不论春季施药还是夏季施药，其防治苹果腐烂病病疤重犯，和促进病疤愈合的效果均优于目前生产上常用的药 40%福美砷。从降低成本考虑，生产上推广苯扬粉乳油用 100 倍液比较适宜。20%苯扬粉乳油经室内药效测定和田间防治结果是一致的。它不但有明显抑制菌丝生长还有抑制孢子萌发的能力。20%苯扬粉乳油是一种高效、低毒、经济安全的新型杀菌剂，在苹果生产可以推广使用。

1.2.2 苹果腐烂病的生物防治

由于化学药剂都具有一定的毒性，不符合当前人类关于食品安全的愿望。而且苹果树腐烂病对市场上许多杀菌剂如多菌灵、果腐康、果康宝等也产生了一定抗性。也正是在食品安全的背景下，生物农药应运而生。近年来，经研究在苹果树腐烂病的生物防治方面取得了巨大的进展。

（1）微生物类：奥野智旦（1981）分离到放线菌对腐烂病菌有较强的拮抗性。史秀琴等（1980）进行了苹果树皮真菌的分离及其拮抗作用的测定，镰刀菌 110-1 菌株对病菌的拮抗作用最强。在离体枝条及田间接种试验中，都表明 110-1 菌株对苹果腐烂病菌具有抑制侵染和减少发病的作用。茹振川，王桂荣等通过试验初步说明木霉菌对腐烂病菌均有明显的拮抗作用，且抑制作用机制主要为营养竞争及分泌拮抗物质使腐烂病菌菌丝畸形、原生质浓缩消解而起到拮抗作用。植物内生放线菌：AR1-14、TGNBA-分离 13Hhs. 015（BARl-5）分离于黄瓜根部，GCLA-4 分离于黄瓜叶部，GPLA-9 分离于辣椒叶，TGYXC-SA-1 和 TGYXCSA-7 分离于牛腥草茎部，内生性已经被证实，且经过初步验证对苹果树腐烂病菌有明显的抑制作用。高克祥研究了哈茨木霉菌株（Trichoderma-harzianum）T88 对包括苹果树腐烂病菌在内的 7 种病原菌的拮抗作用，结果表明木霉菌株对这 7 种病原真菌都有明显的抑制作用。王东昌等从苹果树体上分离到了拮抗菌种 AT9706，在室内测定其对苹果树腐烂病菌的抑制效果达到了 100%，田间采用 AT9706 制剂的防治效果达到了 99.5%。辛雅芬（2005）的研究发现螺旋毛壳 ND35 菌对该病有一定的抑制作用。"腐必帖"防治方式对各种树木剪锯口、枝条伤等受破坏处也具有很好的保护作用，可防止感染，促进愈合，显著降低腐烂病的发病率。EM 活性菌泥在防治效果、病疤复发率和促进病疤愈合效果方面均优于其他处理，其当年和第二年 4 月的防治效果分别为 92.7%、93.5%，病疤复发率分别为 1.8%、2.8%。使用灭菌肥涂抹刮治后的病斑，当年平均治愈率可达 91.81%。

（2）生防菌类：在苹果树皮中筛选出对苹果树腐烂病具有较好拮抗效果的内生细菌 B5014，经过对它的发酵滤液进行不同浓度梯度稀释后发现，不同稀释倍数的发酵滤液对腐烂病病菌菌丝生长和孢子萌发的抑制作用有显著差异。这为进一步研究该菌株的抑菌机制及作相关鉴定都提供了一定的参考。同时，田间试验也表明，应用 B5014 细菌悬浮液，对苹果树腐烂病的防效比生产中常规使用的 80%代森锰锌 800 倍液要低一些。推测这可能与未将 B5014 菌株加工成剂型，影响其功能的有效发挥有关。因此，接下来将进一步对 B5014 的发酵工艺进行优化，以使其更好地在苹果树腐烂病防治中发挥功效。

（3）寡糖类诱抗剂：寡糖作为一类很重要的激发子，能诱导植物产生抗病性，目前已经明确化学结构的，常见生物活性寡糖主要有以下几个大类：①β-葡聚七糖；②植物源寡聚半乳糖醛酸；③几丁寡糖和壳寡糖；④木葡寡聚糖；⑤根瘤寡糖。

1.2.3 苹果腐烂病的其他防治

（1）糊泥法：田中弥平（1980）在腐烂病患部涂泥，再用乙烯薄膜覆盖 1 a 左右，获得80%的治愈率，收到了预想不到的效果。

（2）扩刮法：对于感病较重的大龄树，可采用重刮皮法，全面刮皮，把树皮外层刮去 0.5～1 cm 厚，经过重刮皮的树体，极少发生新病斑，并且可减少老病疤的复发。李树对病斑重刮皮 81 d 愈合率 65.3%。

（3）涂白：涂白可以防止树体遭受冻害或日灼的威胁，避免树势降低，同时也可以防治一些害虫，从而降低腐烂病的发生。杨柳涂白剂：生石灰 5 kg 加食盐 25 kg 加水胶 0.2 kg 加水 40 kg。槐树涂白剂：生石灰 5 kg，硫磺粉 1.5 kg，水 36 kg。

（4）病疤桥接法和伤疤大补皮：桥接法一般在生长季内均可进行。春季桥接以 4 月下旬至 5 月中旬成活率最高；7 月中下旬应用绿枝桥接，也可收到良好的效果，桥接以一头接成活率最高。苹果腐烂病疤的补皮方法，有单层补皮法、薄膜补皮法和双层补皮法 3 种。调查表明，双层补皮适用于各类病疤；薄膜补皮适用于小、中型病疤；单层补皮只适用于小型齐疤。补皮时间为 4 月中下旬至 8 月中旬，取皮处用塑料膜保护，以利长出新皮。

（5）中药制剂：我国相关科研人员经研究发现许多中草药制剂对苹果树腐烂病有很好的治疗作用。段泽敏等（2002）就菊科、藜科、豆科、蔷薇科、卫矛科、唇形科、芸香科和萝摩科的 10 种不同植物组织的水、乙醇和石油醚浸出物对苹果腐烂病原的抑制作用进行了研究，并比较了以中草药为原料制成的膏状制剂对苹果腐烂病的防治效果。结果表明，茵陈、地肤子、苦参、鸡血藤、雷公藤和地榆、杠柳、黄芩可作为防治苹果腐烂病的杀菌性植物资源。其中苦参、苦楝皮丝、松香、食品脂、明矾、硫磺粉、黄烟、蜂蜜、干辣椒，经浸泡、加热反应、过滤除渣、熬制成膏、最终产品等工艺过程，制成褐色油状膏体，对苹果树腐烂病有明显的防治效果。0.5%苦参碱水剂防治苹果树腐烂病效果优异，伤口愈合率为（50.18%），明显优于生产上常用的 40%福美砷的伤口愈合率（37.78%）。抗生素类药物渗透性强，无毒无公害。经研究证明，新型农用抗生素——1.2%瑞拉菌素 EW 防治苹果树腐烂病效果优异，伤口愈合率为 49.94%，明显优于生产上常用的 40%福美砷的伤口愈合率 37.18%，其相对防效达到了 88.17%。20%丁香菌酯悬浮剂和 96%丁香菌酯原药对苹果树腐烂病菌有较高的离体抑菌活性，离体 EC50 值分别为 1.72 mg·L^{-1}、1.83 mg·L^{-1}，且 20%丁香菌酯悬浮剂对苹果树腐烂病有非常优异的田间防治效果。试验结果表明，菌速清 4 倍液防治苹果树腐烂病效果明显，治愈率高。

1.3 产黄青霉素剂概述

1.3.1 青霉素的特点及常规应用

青霉素是由某种青霉菌产生的能杀死细菌的物质，青霉菌属于子囊菌亚门，青霉属，间有性生殖阶段，菌丝为多细胞分枝，无性繁殖时，菌丝发生直立的多细胞分生孢子梗。分生孢子脱落后，在适宜的条件下萌发产生新个体。有性生殖极少见。常见于腐烂的水果、蔬菜、肉食及衣履上，多呈灰绿色。点青霉（P. notatum）和黄青霉（P. chrysogenum）等可提取青霉素。黄绿青霉菌在 8～30℃的范围内，在中性、酸性和碱性条件下均可生长和产毒。青霉生长温度范围 5～35℃，菌丝体生长和饱子形成适宜温度为 25～30℃。

青霉素作为一种高效低毒的抗菌药物，多年来一直广泛应用于医学。然而近年来，国内外的植物生理学工作者逐步发现了其对高等植物代谢及生长发育的影响。可以认为青霉素也是一种新的生长促进型植物生长调节剂。

（1）诱导 α-淀粉酶的形成：用 58mg·L^{-1}的青霉素处理水稻去胚的半粒种子，发现它能显著地提高胚乳中 α-淀粉酶的活性，用 200～300 mg·L^{-1}的青霉素处理黄瓜、玉米、小麦、水稻种子，可使种子中 α-淀粉酶活性显著提高。研究认为：青霉素能显著地增加胚乳中赤霉素的活性。说明青霉素首先是诱导与形成赤霉素有关的 DNA 和 RNA 合成，从而导致内源赤霉素的生物合成，然后赤霉素再诱导 α-淀粉酶的合成。此外，青霉素还能逆转脱落酸对 α-淀粉酶形成的抑制作用。

（2）促进根的形成和根茎叶的生长：青霉素能促进绿豆下胚轴插条不定根的形成及增加根的干重，并与吲哚乙酸、吲哚丁酸表现出相加促进生根的效应。青霉素能促进大豆、小麦、菊花、水稻、玉米、黄瓜等植株根茎叶的生长以及种子的萌发。用 48 mg·L^{-1}的青霉素溶液喷施菊花植株。其叶面积由对照的 28 cm^2 增加到 44 cm^2。叶绿素含量、叶片鲜重、干重、茎周长及节间长度都增加。用 300 mg·L^{-1}青霉素溶液处理过的玉米、水稻、黄瓜种子，其苗长度及干重均显著增加。青霉素可提高玉米、水稻、黄瓜的种子发芽率、发芽指数、活力指数、幼苗长度及干重、可溶性糖含量、淀粉酶和抗坏血酸氧化酶活性。

（3）促进叶绿体色素的合成，抑制叶绿体色素的降解：青霉素能增加完整水稻幼苗、向日葵、大豆、菊花植株的叶片叶绿体色素的形成，并与6-苄基氨基嘌呤表现出协同增加效应。青霉素也能延缓大戟属一品红离体叶圆片中叶绿体色素的降解。用50～200 mg·L^{-1}的青霉素处理衰老期的向日葵植株，能有效地阻止果实发育中引起的叶片迅速黄化。处理植株的叶片中叶绿素酶活性降低，叶绿素含量增加，地上部生物产量及果重增加。研究指出，青霉素一方面通过促进叶片中核酸和蛋白质的合成来促进叶绿体色素的合成，另一方面通过降低叶片中叶绿素酶的活性延缓叶绿素的降解，从而提高叶片中叶绿体色素的含量。由于青霉素这些作用，因而它能延缓叶片及整个植株的衰老，增加植株光合能力和延长光合时间，提高作物产量。

（4）促进扬花期小麦叶绿素含量等：刘萍等（1996—1997）以不同浓度的青霉素溶液对扬花期的小麦进行了大田喷施，结果表明：以不同浓度的青霉素水溶液对大田扬花期的小麦进行叶面喷施，处理后旗叶的蒸腾速率、叶绿素含量和硝酸还原酶活性均高于对照，穗粒数增加。

（5）促进果树花粉萌发：马锋旺等（1993）发现，青霉素对苹果、梨、杏等果树的花粉萌发具有明显的促进作用。

1.3.2　产黄青霉菌的特点及抗菌原理

产黄青霉菌是医药上用来生产青霉素的工程菌株。青霉素所含的青霉烷能使病菌细胞壁的合成发生障碍，导致病菌溶解死亡，而人和动物的细胞则没有细胞壁。那么，青霉素能否作用于苹果腐烂病菌的菌丝细胞壁而防治病菌增殖呢？课题组将产黄青霉菌经过特殊工艺制备成为产黄青霉菌剂，室内抑菌实验结果表明该菌剂对腐烂病菌的菌丝生长无防治作用，但有趣的是，将该菌剂涂抹于受腐烂病侵染的苹果树干后，腐烂病菌的进一步扩展明显减缓，发病部位伤口的愈合加快。但其抑菌机理仍不清楚。国内外学者关于苹果腐烂病致病机理的报道主要集中在以下两个方面：第一，果胶酶等细胞壁水解酶在病菌侵染过程中起重要作用。早在1979年，刘福昌等首先在病菌的培养滤液和受病菌侵染的病组织中均检测到活性极强的果胶酶，黄丽丽课题组对苹果腐烂病的致病机理进行了一系列深入研究，观察病菌在寄主与病菌互作过程中的组织病理学变化，也证实了果胶酶在病菌的侵染中起重要作用（柯希望，2013）；最近发现蛋白激酶基因（VmPmk1）可调节苹果腐烂病菌的致病性和细胞壁降解酶的表达（Wu Y et al，2017）。第二，根皮苷的代谢产物在病菌侵染中具有重要作用。根皮苷在自然界分布广泛，主要存在于蔷薇科的多种植物组织中。其中苹果树体内酚类物质总含量中，根皮苷占到95%。如已有报道苹果树的叶、枝、皮进行了根皮苷定量分析，其中苹果树皮中含量最高，达到64.32 mg/g，其次为叶，枝中的含量最少（李荣涛等，2009），根皮苷属于植物黄酮类中的二氨查尔酮类，是苯丙氨酸代谢途径的关键化合物（Dare AP，*et al*，2013；Dare AP，*et al*，2017）。一些研究表明根皮苷在苹果中与植物防御有关（Petkovsek M.，*et al*，2009；Gaucher M.，*et al*，2013）。苹果腐烂病菌能够代谢和降解根皮苷，其代谢产物引起苹果树表皮的溃疡症状。王建华等（2013）的研究表明苹果腐烂病菌及其发酵液对苹果树根皮苷具有降解作用黑腐皮壳菌对根皮苷的降解率为92.46%，发酵液对根皮苷的降解率为99.88%这两个研究结果支持了根皮苷与植物防御有关的观点。也有证据表明根皮苷可能参与调控生长素的运输。生长素特别是植物激素吲哚乙酸（IAA）在植物生长发育中起重要调节作用。生长素被运送到枝条和树体内是一个复杂的模式（Frimi J，2003）。这一过程涉及生长素在细胞之间发生极性运动，完成泵入和流出细胞的一个复杂网络，然而，目前生长素运输受内源性次生代谢产物的调控网络还不十分清楚。早期研究表明类黄酮可以与合成的生长素运输防治剂竞争 N-1-萘基邻氨甲酰苯甲酸（NPA）在各种组织中的作用（Jacobs，Rubery，1988）。随后，一些研究证明类黄酮对拟南芥 IAA 转运的影响，并提出了可能的调控模型，在拟南芥突变体上的研究也表明过量或缺失黄酮醇影响了生长素运输。最近的一项研究表明苹果中的3 个 CHS 基因沉默后，苯基丙酸途径产物包括黄酮醇、花青素、根皮苷的水平降低（Dare AP，*et al*，2013）。有趣的是，这些植物表现出高度矮化和生长素运输水平显著增高。另一个证据是决定根皮苷合成的特异性苹果糖基转移酶 UGT88F1 沉默后，苹果树植株矮化，叶片皱缩和果实明显变小。同时，检测到缺陷植株的茎尖生长素流失增加。代谢物分析显示根皮苷没有积累，许多非靶标苯丙素化合物的积累也减少。在组织培养 UGT88F1 基因敲除系中补加外源根皮苷后，皱缩叶片恢复生长。以上两个研究结果强烈暗示：根皮苷可能是调节苯丙氨酸代谢途径的关键化合物，并在苹果树发育过程中调控生长素运输（Dare AP，*et al*，2017）. 申请者多年来一直从事苹果腐烂病的致病机理和综合防治研究（乔国彪，2007；马强等，2009；王娟，2009；张晓伟等，2010；陆阳，2013；张文鑫等，201）课题组自主研发的产黄青霉素剂涂抹苹果树伤口部位能够防治腐烂病进一步扩展，促进伤口的愈合。但其机理并不明确。同时，我们发现产黄青霉菌剂处理后根皮苷的降解产物根皮酸、对羟基苯甲酸和原儿茶酸的含量显著降低，而苯丙氨酸解氨酶（PAL）活性显著升高。这暗示产黄青霉菌剂影响了涂抹部位病菌对根皮苷的降解。但病菌存在菌剂-病菌-树皮病组织三者共存的复杂环境中，因此，推测一方面产黄青霉菌剂可能直接防治病菌对树皮中根皮苷的降解，提高了树皮对病菌的防御能力。另一方面，菌剂可能通过借助病菌诱导的病组织局部 PAL 酶活性增强，促进苯丙氨酸代谢途径产生根皮苷大量积累。而根皮苷的积累则可调控生长素的运输，导致侵染部位伤口的加速愈合，阻碍病菌进一步侵染。

1.3.3 产黄青霉菌剂剂型

1.3.3.1 膏剂的剂型和特点

此剂型是由内蒙古农业大学研究团队研究而成，膏剂由膏、丸和巴布组成，膏主要成分为凝胶，是逐渐形成的一种形态为胶质状态的物质，具有一定黏性。

1.3.3.2 膏剂的关键

膏主要成分为凝胶，是逐渐形成的一种形态为胶质状态的物质，所以要储存在密封的药膏管中，以保证其相应的理化性质，也为了保证了试验的严谨性和准确性，排除其他条件的干扰；巴布采用防水无纺布，材质柔软，易于贴合承载量大，适于浸膏，具有透气性好、无刺激、性能好，使用方便等特点。还有一个重要的原因，苹果腐烂病的发病部位多为枝丫与树体主干，其他材料无法完全覆盖，无纺布可以随意剪裁，以保证对污染区域的完全覆盖，而且无纺布有适当的弹性、黏性和一定的保湿性。可以为新型生物农药基质提供一个适合的小环境。

1.3.3.3 膏剂的作用

根据病症特点，将药物制备成一定形态且便于操作的载体，膏剂有效促进伤口的愈合，病斑复发率明显降低，产黄青霉菌剂对苹果腐烂病病原菌分解代谢根皮苷的能力有明显防治，还能显著提高果树防御酶的活性。

第 2 章　青霉素防治苹果树腐烂病机理的研究

2.1 材料和方法

2.1.1 试验材料

2.1.1.1 材　料

7～8 年生的金红苹果树，医用青霉素（华北制药）。

2.1.1.2 酶　源

取田间发病后正在腐烂扩展中的苹果树枝、在研钵中捣碎、加病皮重量的 0.5 倍清水、用双层纱布滤出汁液；在 PA 液中培养一定时间后的病菌培养滤液，两种滤液再加水稀释成不同倍数待用。

2.1.1.3 培养基和培养液

● PDA 培养基的配制、分装和灭菌

将洗净后去皮的马铃薯（200 g）切成 1 cm 见方，加水 1 000 mL 煮沸半小时，用纱布滤去马铃薯将滤液过滤到烧杯中，加水补足 1 000 mL，然后加糖（葡萄糖 15 g）和琼脂（17 g），加热使琼脂完全溶化后趁热用纱布过滤，后分装到已准备好的三角瓶中。将三角瓶放置高压锅中灭菌（121℃，25 min）。

● PA 培养液的配制、分装和灭菌

和 PDA 培养基一样，只是不加琼脂。

2.1.1.4 试验地点

内蒙古园艺示范园区。

试验地基本情况如下：面积 5 亩，品种为金红。1998 年栽植，8 年树龄，行距 3 m，株距 2 m，共计 450 株。发生腐烂病株 250 株，2005 年新发病株率为 20.5%。

2.1.2 试验方法

2.1.2.1 病原菌的分离

按照常规组织分离（孙广宇，2002）。取灭菌培养皿，置于湿纱布上，在皿盖上用记号笔注明分离日期和材料。用无菌操作法向培养皿中加入 25% 乳酸 1～2 滴（可减少细菌污染），然后将熔化而冷却至 50℃ 左右的 PDA 培养基倒入培养皿中，每皿倒 10～15 mL，轻轻摇动使之成为平面。凝固后即成平板培养基。取采集到的苹果腐烂病病组织，选择典型的单个病斑，用剪刀从病斑边缘（病健交界处）剪取小块病组织数块。将病组织放入 70% 酒精浸 3 s 后，按无菌操作法将病组织移入 0.1% 升汞液中分别进行表面消毒，然后放入灭菌水中连续漂洗 5 次，除去残留的消毒剂。用无菌操作法将病组织移至平板培养基上，每皿 4～5 块。将培养皿倒置放入 28℃ 恒温箱内培养。3～4 d 后用接种针自菌落边缘挑取带有培养基的菌块移入斜面培养，在28℃恒温箱内培养，重复以上操作直到得到其纯培养物。

2.1.2.2　形态及培养性状观察

将获得致病菌纯培养物分别移植在PDA、苹果树枝条汁培养基，25℃恒温培养。每隔3 d观察一次菌落培养性状，色泽，测定菌落生长速度，并进行显微计测等。

2.1.2.3　病原菌的鉴定

依据分生孢子器和分生孢子大小进行致病菌的鉴定。

2.1.2.4　分离菌的回接及致病性测定

第一步，选取枝条：分别取苹果无病2年生枝条，截成20 cm长的小段，每个菌种用30段。

第二步，消毒：将切成的小段用75%酒精表面消毒，再用无菌水冲洗。

第三步，接种：先用烙铁把切成的小段烫伤，再向苹果枝条小段皮内接入适量的分离纯化菌丝。

第四步，保湿：把接种的枝条小段与对照一同放入保湿缸内，置于25℃恒温箱内培养。

第五步，观察记录：每天观察同时记载发病情况，以烫伤不接菌的枝条小段为对照。统计发病率。

发病率% = 发病段数/总段数×100%。

2.1.2.5　致病菌的再分离

采用常规组织分离法从接种发病枝条分离致病菌，在PDA培养基平板上获得纯培养，并与原接种致病菌进行比较。

2.1.2.6　果胶酶测定的预备实验

● 测定果胶酶的活性方法

用果汁澄清法，以苹果汁为基质简便易行，反应明显。取培养20 d后稀释液1 mL，加入9 mL的苹果汁中，苹果汁装在50 mm×5 mm的试管内。每一处理重复两次。然后置30℃恒温下，经一定时间后记录果汁澄清状况。

● 苹果树烂皮中果胶酶的毒力测定

采用番茄切枝浸渍法：把长出两个子叶的番茄幼苗，用刀片切去根部，插于培养20 d后不同稀释倍数的培养滤液中。滤液装在10 cm×1.5 cm平底试管内，置30℃恒温下，经一定时间后，观察番茄苗萎蔫及茎部腐解状况。

2.1.2.7　伤口愈合调查方法

伤口愈合计算方法：用一张纸在伤口部位画下外围线和内部未愈合部位的外周围线，然后把两个周线描绘在带有规范方格的坐图纸上，计算每个周线所围的方格数。

那么，伤口总面积=伤口部位外围周线所围方格数。

单个方格的面积，伤口部位为愈合面积=伤口外未愈合部位外围周线所围方格数×单个方格的面积；将两次计算结果代入下式，即得到伤口愈合率。

伤口愈合率（%）＝（伤口总面积–未愈合面积）/伤口总面积×100%。

2.1.2.8　青霉素阻止病菌侵入和促进伤口愈合效果评价方法

试验设 2 个处理，处理 1：伤口面积小于 100 cm²，枝条直径为 5 cm 左右；处理 2：伤口面积大于 300 cm²，枝条直径为 10 cm 左右。青霉素的作用效果以愈合度来评价计算方法见 1.3.3。试验的每一处理伤口数为 50 个，伤口表面涂不同浓度的青霉素液，30 d 后在伤口处涂抹苹果树腐烂病树皮研磨液（加水 5 倍，冰浴研磨）。本试验 2003 年 4 月 5 日在内蒙古园艺示范园区进行，调查于当年秋季 2003 年 10 月 12 日和次年春季 2004 年 4 月 25 日，观察和记录愈合和发病情况，并统计平均增效。

平均增效（%）＝（处理平均愈合–对照平均愈合）/对照平均愈合×100%。

2.1.2.9　数据分析方法

采用 DPS 辅助统计软件，利用新复极差法、相关分析法进行统计。

2.1.2.10　几种酶液提取与活性测定方法

接种病菌的前 7 d，树体用青霉素液处理（整个树体用不同浓度的青霉素液喷施），酶液提取参考李和生（郝再彬，苍晶，徐仲等，2004）的方法，并稍作修改。称取发病树体经不同浓度青霉素液处理后的叶片 0.2 g，加入 0.1 mol·L⁻¹，pH 值 7.8 的磷酸缓冲液 4 mL，冰浴研磨匀浆后于 10 000 r·min⁻¹，4℃下离心 20 min，取上清液，置于冰箱中备用。

过氧化物酶活性测定参考李合生主编《植物生理生化实验原理和技术》的方法（季兰，贾萍，苗保兰，1994）。多酚氧化酶活性的测定参考郝再彬等（2004）主编的《植物生理实验》的方法。苯丙氨酸解氨酶活性的测定参考薛应龙（1990）的方法，并稍作修改。取 0.2 mL 上清酶液，加 0.8 mL 水，0.03 mol·L⁻¹ 苯丙氨酸 1 mL（用 0.1 mol·L⁻¹ pH 值 8.8 的硼酸缓冲溶液配置）37℃下保温 30 min，后加入 15 mol·L⁻¹ 的盐酸 0.25 mL 终止反应，测定 290 nm 的 A 值。所有酶活性的单位均以 ΔA 值改变 0.01 作为一个酶活单位。木质素用波钦诺克方法（1976）测定含量；HRGP 含量测定按照粟波（1993）等的方法进行。

2.1.3　试验设计

2.1.3.1　处理设置

Ⅰ、Ⅱ、Ⅲ、Ⅳ、Ⅴ、CK 分别代表 0.8、1.0、1.2、2.0、3.0 万单位每升青霉素和清水对照处理，每处理设 5 次重复。菌落生长每隔 12 h 观测 1 次，酶活性隔 7 d 测定 1 次。

2.1.3.2　酶活力单位

U：1 mL 酶液在 50℃、pH5.0 的条件下，1 min 分解果胶产生 1 mg 半乳糖醛酸为一个酶活单位。

酶活力计算：$X = (A_{甲} - A_{乙}) \times Dr \times 5] / (K \times t)$

式中 A 甲为酶样吸光度；A 乙为酶空白样的吸光度；K 为标准曲线斜率；5 为测定酶活时取了反应液的 1/5；Dr 为稀释倍数；t 为反应时间（min）。

2.1.3.3 不同浓度的青霉素在田间对果树腐烂病影响的试验

共设计 6 个处理：0.8、1.2、1.6、2.0、3.0 万单位每升、清水对照采用树干涂抹法用药。施药前将病部的树皮用刀刮剥到韧皮部，然后将药液涂抹于其上。每个处理重复 5 次；分别在 A、B、C、D、E 5 个小区同时进行，每个小区 20 棵树，对每棵树涂药前随机选定一处病斑，采用红漆给予标记。采用随机排列，在 2005 月 3 月和 2005 年 9 月间隔用药涂抹。在 2006 年月 3 月 26 日进行调查，计算不同小区的愈合率和复发率，统计防效。

2.1.3.4 不同伤口形状对苹果树腐烂病伤口愈合的影响试验

试验采用以下 I、II、III、IV（图 2-1）4 种不同形状的处理来刮治伤口，分 A、B、C、D、E 5 个小区，每个小区个处理重复 3 次。统计其愈合率，记录其愈合特征。

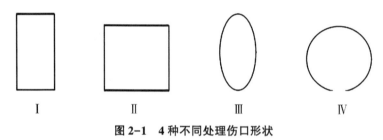

图 2-1 4 种不同处理伤口形状

2.2 结果分析

2.2.1 病原菌分离鉴定结果

2.2.1.1 病原菌的形态观察

从内蒙古园艺示范园区采集的病组织中分离获得致病菌，其在 PDA 培养基上形成菌落。依据分生孢子器和分生孢子大小进行病原菌的鉴定，其为苹果壳囊孢（Cytospora sp.）。

苹果壳囊孢菌落在 PDA 平板上初为白色毛毡状，均匀地向四周扩展，后渐渐变为灰褐色。在 PDA 培养基上 28℃条件下 20 d 后开始形成黑色的子座，内生大量的分生孢子。分生孢子器大小为 543 μm×687 μm，分生孢子大小为（3.74～5.12×0.2～1.2）μm，其生长情况见图 2-2。

在 28℃时 24 h 菌落直径可达 17 mm，2 d 可长满 70 mm 的培养皿，菌落生长初期为白色，后期褐色，并在培养基上长出直径为 2～3 mm 的黑色小瘤状物为分生孢子器，用刀片切开在解剖镜下观察可看到白色黏稠的分生孢子块，将其放在 40x 显微镜下可观察

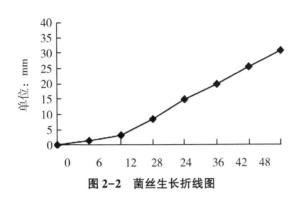

图 2-2　菌丝生长折线图

到腊肠形无色单胞分生孢子。把分孢子器切成薄片可看到里面有很多腔室，内生绒毛，病原菌的产孢期为 20～30 d。

2.2.1.2　回接及致病性测定

由表 2-1 实验结果可知：用分离的致病菌接种苹果的两年生枝段，均能发病，表现与田间相同的症状。苹果壳囊孢菌接种后的发病率分别为 100%。致病菌在接种 7 d 后开始显症，树为水渍状的褐色斑点，14 d 开始有酒糟味，此后病斑向四周扩展，病部开始有黑色小点出现，对照均未去病。

表 2-1　致病菌接种苹果枝条实验结果

项目	接种枝条（段）	发病枝条（段）	发病率（%）
苹果壳囊孢子	30	30	100
CK（清水）	30	0	0

注：对照为无菌枝条

2.2.1.3　致病菌的再分离和鉴定结果

用接种发病的枝段作常规病组织分离，获得的分离菌与原接种菌形态特征相同。

2.2.2　青霉素阻止病菌侵入和促进伤口愈合效果

通过青霉素阻止病菌侵入和促进伤口愈合效果试验，结果表明（表 2-2）：青霉素（1.2 万单位每升）能很好的促进伤口的愈合，与对照相比平均增效为 63.5%；1.6 万单位每升和 0.8 万单位每升的青霉素液也起到一定的愈合效果，但效果在本实验中不太明显。比较 100 cm 和 300 cm 处理伤口愈合情况，发现青霉素对小型伤口（100 cm²，增效为 27.6%）愈合效果较大型伤口（300 cm²，伤口增效为 17.9%）显著；对在发病率调查中发现，青霉素（1.2 万单位每升能很好的阻止病菌的侵入，次年春季发病率仅为 3.0%；其他浓度的青霉素液发病率均和对照相差不大。以上实验初步表明：青霉素能有效地促进伤口愈合，并能阻止病原菌的再入侵。

表 2-2　青霉素液阻止病菌侵入和促进伤口愈合效果

药剂名称	伤口愈合度			发病率（%）	
	处理 I	处理 II	平均增效	当年秋季	次年春季
V	0.301	0.187	3.6	12.3	26.2
IV	0.325	0.193	10.0	10.5	15.8
III	0.347	0.188	13.6	8.6	16.5
II	0.532	0.238	63.5	0	3.0
I	0.341	0.203	15.5	7.8	14.7
CK	0.298	0.173	—	19.6	35.0

2.2.3　不同浓度青霉素液对刮治苹果腐烂病斑后伤口愈合的影响

通过田间药效对比试验，结果（表 2-3）表明：青霉素（1.2 万单位·L^{-1}）涂治后的伤口愈合率为 43.69%，明显优于其他浓度。其相对防效达到 77.5%。对 6 个不同处理的愈合率进行方差分析，数据处理结果见表 2-4，1.2 万单位每升在 1% 水平下与其他处理有显著的差异。

表 2-3　不同浓度的青霉素液对刮治苹果树腐烂病伤口愈合的结果处理

处理	不同小区愈合率（%）					平均愈合率	相对防效（%）
	A	B	C	D	E		
V	25.1	24.8	24.6	25.0	24.7	24.84	0.90
IV	26.3	25.9	25.5	26.2	25.5	25.88	5.12
III	30.5	29.6	32.4	31.5	30.9	30.98	25.80
II	43.2	44.5	42.9	43.8	44.0	43.69	77.50
I	33.6	34.5	35.1	34.9	33.9	34.40	39.80
CK	24.6	24.9	24.4	24.2	25.0	24.62	—

表 2-4　DPS 新复极差法检验结果

处理	均值	5% 显著水平	1% 极显著水平
II	43.680 00	a	A
I	34.400 00	b	B
III	30.980 00	c	C
IV	25.880 00	d	D
V	24.840 00	e	DE
CK	24.620 00	e	E

2.2.4　不同伤口形状对苹果树腐烂病伤口愈合的影响处理

由数据处理表 2-5、表 2-6 结果看：平均愈合率 A（0.484 20）>B（0.364 40）>C（0.280 20）>D（0.239 60）；$P<0.01$，说明不同处理间有极显著的差异。DUNCAN 新复极差法测验表明，4 种不同的伤口刮治形状对愈合率的影响差异达到 Alpha=0.05 水平之上，其中 A 处理方法的效果最好。进而从伤口愈合特征记录来看，其伤口愈合四周均较好，而其他 3 种方法的伤口上下两侧愈合较差，甚至出现坏死现象。分析其原因，可能由于树体纵向进行水分和养分运输，有利于伤口的愈合，而横向运输能力较差。因而，在生产防治中，应该因树制宜，尽量使伤口形状纵长，横窄，且周边圆滑。

表 2-5　不同伤口形状对苹果腐烂病伤口愈合的结果

处理	不同小区的愈合率（%）					备　注
	A	B	C	D	E	
Ⅰ	0.475	0.489	0.491	0.482	0.484	四周均愈合
Ⅱ	0.372	0.387	0.370	0.319	0.374	左右愈合良好，上下愈合较差
Ⅲ	0.279	0.287	0.281	0.271	0.283	左右愈合，上下未见愈合
Ⅳ	0.233	0.238	0.246	0.232	0.249	左右愈合，上下坏死

表 2-6　DPS 新复极差法检验结果

处理	均值	5%显著水平	1%极显著水平
Ⅰ	0.484 20	a	A
Ⅱ	0.364 40	b	B
Ⅲ	0.280 20	c	C
Ⅳ	0.239 60	d	D

2.2.5　不同青霉素浓度涂抹苹果腐烂病伤口后的复发情况

由以上实验结果（表 2-7）可知：1.2 万单位·L^{-1} 处理后的伤口复发率为 5.0% 明显的低于其他浓度的青霉素液处理后的复发率，清水对照为 80.0%。说明 1.2 万单位·L^{-1} 的青霉素液在进行苹果腐烂病防治中有较好的效果。

表 2-7　不同药剂刮治苹果树腐烂病伤口的复发结果

处理	处理病斑（个）	复发病斑（个）	复发率（%）
Ⅱ	20	9	45.0
Ⅰ	20	7	35.0

（续表）

处理	处理病斑（个）	复发病斑（个）	复发率（%）
Ⅲ	20	5	25.0
Ⅳ	20	1	5.0
Ⅴ	20	4	20.0
CK	20	16	80.0

2.2.6 苹果树腐烂病原菌分泌果胶酶的粗测定结果

2.2.6.1 苹果树腐烂病皮中的果胶酶

从表2-8结果看出，正在腐烂扩展中的病皮内，含有活性极强的果胶酶，稀释50倍时2 h就可使果汁全部澄清，稀释到300倍8 h后亦可使果汁澄清。

表2-8 苹果烂树皮中果胶酶活性测定结果

稀释倍数	果胶酶作用时间（h）				
	2	4	8	12	24
10	+++	+++	+++	+++	+++
50	+++	+++	+++	+++	+++
100	++	++	+++	+++	+++
150	+	+	+++	+++	+++
200	0	0	+++	+++	+++
300	0	0	++	+++	+++
400	0	0	0	0	0
CK（果汁）	0	0	0	0	0

注：0：果汁未澄清；+：上部1/3的果汁澄清；++：1/3~1/2的果汁澄清；+++：2/3~全部果汁澄清。

2.2.6.2 苹果烂树皮中果胶酶的毒力测定

采用番茄幼苗浸渍法测定烂树皮中果胶酶的毒力，结果见表2-9。从表2-9结果看出，苹果烂皮中的果胶酶稀释100倍，浸渍48 h可致番茄幼苗萎蔫、嫩茎腐烂，稀释到300倍浸渍48 h后，仍可致番茄幼苗萎蔫。

表2-9 苹果烂树皮中果胶酶的毒力测定结果

稀释倍数	果胶酶作用时间（h）			
	4	8	24	48
2	0	++	+++	+++

（续表）

稀释倍数	果胶酶作用时间（h）			
	4	8	24	48
4	0	++	+++	+++
10	0	+	+++	+++
20	0	+	+++	+++
100	0	0	++	+++
200	0	0	++	++
300	0	0	+	+
CK（清水）	0	0	0	0

注：0：番茄幼苗没变化；+：幼苗稍萎蔫；++幼苗明显萎蔫；+++：幼苗萎蔫，茎腐烂。

2.2.6.3　苹果树腐烂病菌培养滤液中的果胶酶

上述试验结果表明，在苹果树烂皮中存在有活性极强的果胶酶。为了探索病菌培养滤液中果胶酶的产生情况，用 PA 液，在 25～27℃温度下培养 20 d 后滤出培养液，测定果胶酶的活性及其毒力，结果见表 2-10 和表 2-11。从表 2-10 和表 2-11 看出，在 PA 液中培养 20 d 后产生的果胶酶，其活性和毒力虽不如病皮中的活跃，但稀释到 32 倍仍能致果汁澄清和番茄幼苗萎蔫。这表示苹果腐烂病菌在人工培养条件下，也是能产生果胶酶的。

表 2-10　腐烂病培养液中果胶酶活性（果汁澄清法）

稀释倍数	果胶酶作用时间（h）			
	4	8	12	24
2	+++	+++	+++	+++
4	0	++	+++	+++
8	0	++	+++	+++
16	0	+	++	+++
32	0	0	0	++
64	0	0	0	0
CK（果汁）	0	0	0	0

表 2-11　腐烂病培养液中果胶酶的毒力（番茄萎蔫实验）

稀释倍数	果胶酶作用时间（h）			
	8	12	24	48
4	0	0	+++	+++
8	0	0	+	+++

（续表）

稀释倍数	果胶酶作用时间（h）			
	8	12	24	48
16	0	0	0	+++
32	0	0	0	++
64	0	0	0	+
CK（清水）	0	0	0	0

2.2.7　青霉素液对苹果树腐烂病病原菌分泌果胶酶的影响

2.2.7.1　不同浓度青霉素液处理对病原菌菌落生长的作用

从图 2-3 可以看出，青霉素液对菌落的生长没有抑制作用，反而能够促进其生长，3.0 万单位·L^{-1} 的促进作用更为明显。对数据进行方差分析，3.0 万单位·L^{-1} 对于其他处理有明显的促进菌生长作用（$P<0.05$）。根据近年来的研究，认为青霉素也是一种新的生长调节剂，能够促进生长（张小冰，1998）。

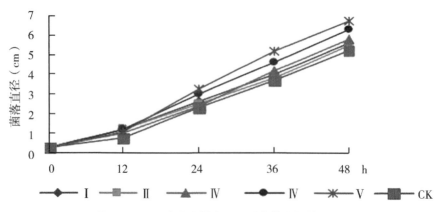

图 2-3　不同浓度青霉素处理对菌落生长的作用

2.2.7.2　青霉素对病原菌分泌果胶酶活性的影响

病原菌在 PA 培养液中培养，经不同浓度青霉素液处理后，隔 7 d，测定病原菌分泌果胶酶的活性，如图 2-4 所示：病原菌在培养液中培养 0～21 d，果胶酶的活性逐渐增强，21～35 d 果胶酶活性增加不太明显；不同浓度青霉素液处理间的差异不明显在 5%水平无显著差异。结果表明：果树腐烂病病原菌在 PA 培养液中能够分泌出果胶酶，其活性在培养 20 d 左右最强，可达 62.3 $u·g^{-1}·min^{-1}$；不同浓度的青霉素液处理，对病原菌分泌果胶酶的影响相对于 CK 没有显著的差异（$P>0.05$），说明青霉素对果树腐烂病病原菌分泌果胶酶没有直接的抑制作用。

树体的枝干上接种病原菌 20 d 后，在感病树体上喷不同浓度的青霉素液，每隔 7 d

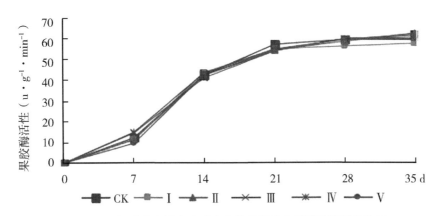

图 2-4　不同浓度青霉素液对病菌培养滤液中果胶酶活性的作用

测定一次病组织中的果胶酶，如图 2-5 表明：病组织中果胶酶活性高于 PA 培养液，可达 135.1 u · g^{-1} · min^{-1}，不同浓度青霉素液处理后的病组织，其果胶酶活性与 CK 有差异，1.2 万单位 · L^{-1}处理的差异最明显（$P<0.01$）；这说明青霉素液在感病树体上对病原菌分泌的果胶酶有抑制作用，尤其是 1.2 万单位 · L^{-1}的青霉素液，处理 35 d 时，感病树体的果胶酶活性是 CK 的 0.18 倍。

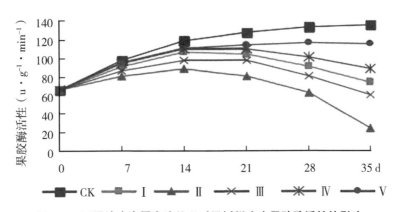

图 2-5　不同浓度青霉素液处理对果树烂皮中果胶酶活性的影响

2.2.8　不同浓度青霉素液处理发病树体后几种抗病性物质的变化情况

由图 2-6～图 2-10 可知，树体感病后 PAL 活性、木质素的含量、POD 的活性、PPO 的活性、HRGP 的含量相对于感病前都明显升高，树体发病 20～30 d 后都达到最高含量。这说明感病寄主被侵染后，也能表现出一定的抗病性，但是这种抗病性是有限的，不足以抵抗病菌的侵染，通过激素或其他方式对寄主的诱导，使其产生大量的抗病物质，这样可以有效地抵抗病菌的侵染。

0.8、1.0、1.2 万单位 · L^{-1}的青霉素液处理树体后，PAL 活性、木质素的含量、

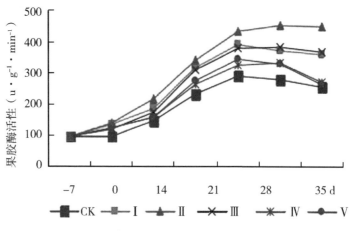

图 2-6　青霉素液处理后 PAL 活性的变化

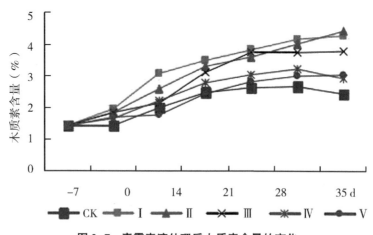

图 2-7　青霉素液处理后木质素含量的变化

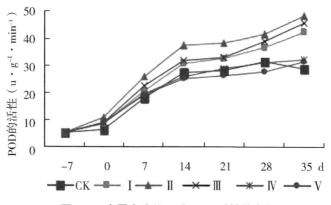

图 2-8　青霉素液处理后 POD 活性的变化

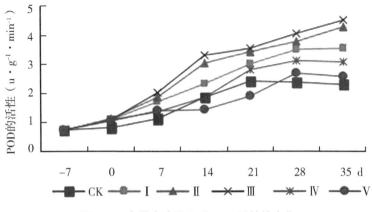

图 2-9　青霉素液处理后 PPO 活性的变化

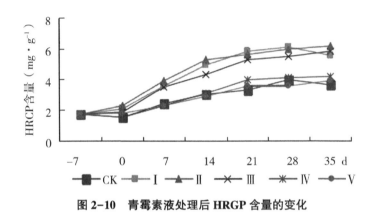

图 2-10　青霉素液处理后 HRGP 含量的变化

POD 的活性、PPO 的活性、HRGP 的含量相对 CK 有显著的提高（$P<0.01$）；2.0、3.0 万单位·L^{-1} 的青霉素液的处理效果相对于 CK 没有显著的差异（$P<0.05$）或有负效应。

在 0.8、1.0、1.2 万单位·L^{-1} 处理中，对 PAL、POD、PPO 的活性影响不同，如图所示：0.8 万单位·L^{-1} 的青霉素液处理对 PAL 活性、POD 活性。有显著的提高相对于其他几个处理；而 1.0 万单位·L^{-1} 的青霉素液对木质素的含量有明显的提高；1.2 万单位·L^{-1} 青霉素液可以明显地提高 PAL 的活性（$P<0.05$）。

2.3　讨　论

本项研究主要进行了苹果树腐烂病病原菌的鉴定、病原菌分泌果胶酶的确定以及青霉素对其活性的影响、青霉素对感病树体的治愈作用和青霉素诱导树体的抗病性的研究，结果表明，引起内蒙古园艺示范园区果树腐烂病的病原菌是苹果壳囊孢（Cytospora sp）；1.2万单位·L⁻¹青霉素液能够有效地防止和治愈果树腐烂病。青霉素液防御苹果树腐烂病，打破以往单纯依靠农药高残留，应用生物防治效果较低以及青霉素只被用于治疗由细菌引起病害的格局。

2.3.1　引起苹果树腐烂病的病原菌

刘开启等（1996）在对苹果腐烂病侵染来源的研究中认为苹果壳囊孢（Cytospora sp）、梨壳囊孢（C. carphosperma）山楂壳囊孢（C. ozyacanthcu）、核果壳囊孢（C. leucostoma）对苹果枝条的均有较强致病力（刘开启，1996）。本试验只分离出苹果壳囊孢（Cytospora sp），可能是由于试验地中种植的树种单一，其他病原菌还没有滋生的原故。

2.3.2　苹果壳囊孢（Cytospora sp）在侵染果树时产生果胶酶

苹果树腐烂病是一种寄生性病害，病菌的分生孢子经雨水和昆虫传播，萌发形成芽管侵入后，先在死组织生活，产生毒素杀死周围活的寄主细胞，然后向健全树皮扩展，造成树皮的腐烂。刘福昌等（1980），在苹果树腐烂病菌致病因素果胶酶的初步探讨中认为病原菌产生的毒素就是果胶酶。本试验也验证了这个结论。

2.3.3　青霉素液对腐烂病的治愈作用

青霉素液（尤其是1.2万单位·L⁻¹）能够有效地防愈苹果树腐烂病，其机理不是直接的抑制病菌的生长和病原菌分泌的果胶酶，它是通过增强树体的抗病性（提高防御性物质的活性或含量）和促进伤口的愈合来防愈病害。所以青霉素作为一种植物生长促进型生长调节剂（张小冰，1998），可以防御植物病害，但对于果树腐烂病这类弱侵然、弱寄生（许志刚，1979），强传播、快蔓延，发病危害严重，具有潜伏侵染特性（中国农科院果树所，1964—1971）的病害有较好的治愈效果。

2.3.4　苹果腐烂病的防治研究展望

以往在进行苹果腐烂病的防治研究中，化学防治多集中在杀菌剂的选用。对生物防治也进行了不少的研究，我国学者甚至开展了利用中草药进行果树腐烂病防治的研究，并相继取得了不同的进展。随着人们自身生活安全意识的加强，杀菌剂将被淘汰出了苹果生产的市场，生物防治和中草药防治的滞后性已不能满足市场的需要。本研究利用青霉素液治愈腐烂病，为目前防治苹果腐烂病提供了一个新的途径。

2.4　结　论

本项研究主要进行了苹果树腐烂病病原菌的鉴定、病原菌分泌果胶酶的确定以及青霉素对其活性的影响、青霉素对感病树体的治愈作用和青霉素诱导树体的抗病性的研究，主要得出以下结果。

（1）在内蒙古园艺示范园区采集的病组织分离获得致病菌，依据柯赫氏法则，确定引起该地区苹果腐烂病的病原菌是苹果壳囊孢（Cytospora sp）。

（2）1.2万·L⁻¹单位的青霉素液可以有效地阻止病原菌的侵入和促进伤口的愈合：刮治病疤愈合率为43.69%，其相对防效达到77.5%，刮治病疤的病害复发率仅为5%；青霉素预处理树体，接种病原菌后，其发病率仅为3%；在腐烂病刮治伤口处理中小面积的伤口有益于病疤愈合。

（3）苹果腐烂病伤口刮治形状直接影响伤口的愈合程度，其中上口的纵横比值越大，愈合率越好。因而，在生产防治中，应该因树而异，尽量使伤口形状纵长、横窄，且周边圆滑。

（4）苹果树腐烂病病原菌在侵染寄主过程中分泌大量果胶酶，果胶酶可以分解细胞壁中的果胶质，导致寄主细胞结构受到破坏。

（5）青霉素液对果树腐烂病病原菌的生长、发育没有抑制作用，甚至有促进作用；青霉素液在液体培养基中对病原菌分泌果胶酶也没有抑制作用，但在感病树体上喷施可以有效地抑制果胶酶的活性，特别是1.2万单位·L⁻¹的处理。

（6）0.8、1.2、1.6万单位·L⁻¹的青霉素液可以提高 PAL 活性、木质素的含量、POD 的活性、PPO 的活性和 RGP 的含量；0.8万单位·L⁻¹的青霉素液处理提高 PAL 活性、POD 的活性、HRGP 的含量，1.2万单位·L⁻¹青霉素液对木质素的含量有明显的提高，1.6万单位·L⁻¹处理可以明显地提高 PAL 活性。

第 3 章 苹果树腐烂病病原菌鉴定及无公害防治新技术的研究

3.1 材料和方法

3.1.1 试验材料

3.1.1.1 材　料

7～8 年生的金红苹果树，产黄青霉菌 1（编号为 3.2553 中国科学院微生物研究所），产黄青霉菌 2（编号为 3.0520 中国科学院微生物研究所），寡糖（浓度 0.1 g·L^{-1}），农药 70%福美砷可湿性粉剂（山东南药厂）。

3.1.1.2 试验地基本情况

内蒙古园艺示范园区：面积 5 亩，品种为金红。1998 年栽植，9 年树龄，行距 3 m，株距 2 m，共计 450 株。发生腐烂病株 300 株。

3.1.2 试验方法

3.1.2.1 培养基与培养条件

• PDA 培养基的配制、分装和灭菌

将洗净后去皮的马铃薯（200 g）切成 1 cm 见方，加水 1 000 mL 煮沸半小时，用纱布滤去马铃薯将滤液过滤到烧杯中，加水补足 1 000 mL，然后加糖（葡萄糖 15 g）和琼脂（17 g），加热使琼脂完全溶化后趁热用纱布过滤，后分装到已准备好的三角瓶中。将三角瓶放置高压锅中灭菌（121℃，25 min）。

• 查式培养基的配制，分装和灭菌

按照硝酸钠 3 g，磷酸氢二钾 1 g，硫酸镁 0.5 g，氯化钾 0.5 g，硫酸亚铁 0.01 g，蔗糖 30 g 的次序，将各种成分溶于 1 000 mL 蒸馏水中，再加 15 g 琼脂，然后分装到已准备好的三角瓶中，将三角瓶放置高压锅中灭菌（121℃，25 min）。

3.1.2.2 病原菌的鉴定

• 病原菌的分离

按照常规组织分离法（孙广宇，宗兆锋，2002）。取灭菌培养皿，置于湿纱布上，在皿盖上用记号笔注明分离日期和材料。用无菌操作法向培养皿中加入 25%乳酸 1～2 滴（可减少细菌污染），然后将溶化后冷却至 50℃左右的 PDA 培养基倒入培养皿中，每皿倒 10～15 mL，轻轻摇动使之成为平面。凝固后即成平板培养基。取采集到的苹果腐烂病病组织，选择典型的单个病斑，用剪刀从病斑边缘（病健交界处）剪取小块病组织数块。将病组织放入 70%酒精浸 3 s 后，按无菌操作法将病组织移入 0.1%升汞液中分别进行表面消毒，然后放入灭菌水中连续漂洗 5 次，除去残留的消毒剂。用无菌操作法将病组织移至平板培养基上，每皿 4～5 块。将培养皿倒置放入 28℃恒温箱内培养。3～4 d

后用接种针自菌落边缘挑取带有培养基的菌块移入斜面培养，在28℃恒温箱内培养，重复以上操作直到得到其纯培养物。

- 形态及培养性状观察

将获得致病菌纯培养物分别移植在PDA上，25℃恒温培养。每隔3 d观察一次菌落培养性状，色泽，测定菌落生长速度，并进行显微计测等。

- 病原菌的鉴定

依据分生孢子器和分生孢子大小进行致病菌的鉴定。

- 分离回接及致病性测定

离体接种：选取枝条，分别取苹果无病2年生枝条，截成20 cm长的小段，每个菌种用30段；消毒，将切成的小段用75%酒精表面消毒，再用无菌水冲洗；接种：先用烙铁把切成的小段烫伤，再向苹果枝条小段皮内接入适量的分离纯化菌丝；保湿，把接种的枝条小段与对照一同放入保湿缸内，置于25℃恒温箱内培养；观察记录，每天观察同时记载发病情况，以烫伤不接菌的枝条小段为对照。

活体接种：在所选取的健康树体的中心干和主枝的分杈处，先用75%的酒精消毒后，分别采用割伤、烧伤2种处理方式，用分离提纯的病原菌丝接种，然后用纱布固定好，并且保持伤口的湿度。其中，割伤是用0.2% $KMnO_4$ 消过毒的刀子割成2 cm^2，割伤间隔为0.3 cm的伤口；烧伤是用吹酒精灯火焰法烧到树皮刚变黄为止，烧伤面积为1.5 cm^2。以上每个处理为20个，10 d后观察，统计发病率。

发病率（%）=每个处理发病数/每个处理数×100%

- 致病菌的再分离

采用常规组织分离法（同"病原菌的分离"）从接种发病枝条分离致病菌，在PDA培养基平板上获得纯培养，并与原接种致病菌进行比较。

3.1.2.3 产黄青霉菌的培养

- 菌种的制备

把真空冷冻干燥的菌种恢复培养：①安瓿管开封：用浸过75%酒精的脱脂棉擦净安瓿管，用火焰加热其顶端，滴少量无菌水至加热顶端使之破裂，用锉刀或镊子敲下已破裂的安瓿管顶端。②菌株的恢复培养：用无菌吸管吸取0.3～0.5 mL适宜的液体培养基，滴入安瓿管内，轻轻振荡，使冻干菌体溶解呈悬浮状。吸取全部菌体悬浮液，移植在准备好的培养基上，并在建议的温度下培养。③注意的是菌种活化前，请将安瓿管保存在6～10℃的环境下。把活化后的悬浮液状的产黄青霉菌的菌种1和菌种2，分别接在两个马铃薯培养基上和两个查式培养基上做对照。

- 形状及培养性状的观察

将接种到PDA培养基和查式培养基的两个产黄青霉菌种，25℃恒温培养。每隔3 d观察一次菌落培养性状、色泽，测定菌落生长速度，并进行显微镜计测等。

- 无公害药剂的试制

用接种环取的产黄青霉菌丝（PDA上）接种于盛有150 mLPA培养基（其中糖源为

浓度 0.1 g·L^{-1}的葡聚六糖）的 500mL 容量的三角瓶中，150 r·min^{-1}，26℃振荡培养 2 周，经过纱布过滤，将过滤液离心 10 min，取上清液，上清液即为本研究所试用的新型无公害生物制剂。

3.1.2.4　抗性酶活性的变化

- 过氧化物酶（POD）活性的测定

酶液提取：取叶片 0.2 g，放入预冷的研钵中，加少许的蒸馏水和聚乙烯吡咯烷酮（PVP）研磨成匀浆，移入 10 mL 容量瓶中定容，于 4 000 r·min^{-1}离心 15 min，取上清液保存在冰箱中待测（Hammerschmidt 等，1982）。

酶活性的测定：反应液：将酶液稀释 100 倍。在试管中分别加入 pH 值 5.0 的醋酸缓冲液 1 mL，0.1%邻甲氧基苯酚（愈创木酚）1 mL 及反应液 1 mL 摇匀，以不加酶液的为对照，置于 30 ℃恒温水浴锅中保温 5 min 后，加入 0.08% H$_2$O$_2$ 1 mL 再次摇匀，立即用秒表开始计时，1 min 后生成棕红色的 4-邻甲氧基苯酚溶液，在 752 分光光度计的 470 nm 波长处测定吸光值（OD470）（Hammerschmidt 等，1982）。

- 多酚氧化酶（PPO）活性的测定

酶液提取：取叶片 0.2 g，放入预冷的研钵中，分别加入少许 pH 值 6.8 的磷酸缓冲液和 PVP，在冰浴中研磨成匀浆，定容到 10 mL 于 4 000 r·min^{-1}离心 15min，取上清液保存在冰箱待测。

酶活性的测定：取待测酶液 0.2 mL，0.05 mol·L^{-1}邻苯三酚 1.5 mL 及 pH 值 6.8 磷酸缓冲液 1.5 mL，于 30℃温水浴中保温 2 min，以缓冲溶液代替酶液作对照，冰浴下停止反应，在 470 nm 波长下测定吸光值（OD470）（Patra. K. H. D. Mishra.，1979）。

- 苯丙氨酸解氨酶（PAL）活性的测定

酶液的提取：取叶片 0.2 g，放入预冷研钵中，加少许 pH 值 8.8 的硼酸缓冲液和聚乙烯吡咯烷酮（PVP），在冰浴中研磨成匀浆，定容至 10 mL，于 4 000 r·min^{-1}离心 30 min，上清液即为粗酶液，保存在冰箱中待测（Dickerson，D. P.，S. F.，1984）。

酶活性的测定：取待测酶液 0.2 mL，0.02 mol·L^{-1} L-苯丙氨酸 1 mL 及 pH 值 8.8 的硼酸缓冲液 2 mL，作为反应体系，以不加酶液的为对照，于 30℃恒温水浴锅中保温 30 min，冰浴下停止反应，随后在 290 nm 下测定吸光值（OD290）（Dickerson，D. P.，S. F.，1984）。

- 过氧化氢酶（CAT）活性的测定

酶液的提取：取叶片 0.2 g，加入 pH 值 7.8 磷酸缓冲液 20 mL 匀浆。1 500 rpm/min（4℃）离心 15 min，取上清液为粗酶液。

酶活性的测定：在 3 mL 的反应体系中，包括 0.2% H$_2$O$_2$ 1 mL 和 H$_2$O 1.9 mL，最后加入 0.1 mL 的酶液，启动反应，在 240 nm 波长下测定吸光值（OD240）（袁海娜，2005）。

3.1.2.5　病原菌果胶酶的变化

- 病原菌果胶酶活性的测定

试剂的配制：DNS 试剂：用 400 mL 蒸馏水溶解 3.15 g 3,5-二硝基水杨酸，逐步加入 200 mL NaOH（0.5 mol·L^{-1}），再加入 91 g 酒石酸钾钠·4H$_2$O、2.5 g 苯酚、2.5 g 无水亚硫酸钠，温水浴（不超过48℃），不断搅拌，直至溶液清澈透明，用蒸馏水定容至 1 000 mL，保存在棕色瓶中，贮存期为 6 个月；pH 值 5.0 磷酸-柠檬酸缓冲溶液：取 Na$_2$HPO$_4$·12H$_2$O 71.62 g、C$_6$H$_8$O$_7$·H$_2$O 21.01 g，分别定容到 1 000 mL，按 10.3：9.7 混合，即可；底物：称取 1.00 g 果胶（Sigma 公司），用 pH 值 5.0 的缓冲液搅拌，溶解，用缓冲液定容至 100 mL。存放在 0～4℃ 冰箱里，有效期 3 d；酶液：取感病组织 1 g，加入 pH 值 5.0 磷酸-柠檬酸缓冲溶液 10 mL，研磨成匀浆，3 000 r／min 离心 15 min，取上清液为粗酶液。

测定方法：①于甲、乙两支试管中分别加入果胶底物 5 mL，在 50℃ 水浴中预热 5 min；②于甲、乙管中分别加 4 mL 磷酸—柠檬酸缓冲液，甲管中加入 1 mL 稀释酶液，立即摇匀，在 50℃ 水浴中准确反应 30 min，立即给乙管中加 1 mL 稀释酶液，立即放入沸水浴中煮沸 5 min，终止反应，冷却；③分别取甲、乙管中反应液 2 mL 于两支试管中，再分别给甲、乙管加 2 mL 蒸馏水，5 mL DNS 试剂，混合，沸水浴煮沸 5 min，取出，立即冷却。以标准空白为基准调零，在 540 nm 处测吸光度（张飞等，2004）。

3.1.2.6 不同处理阻止病菌侵入和促进伤口愈合效果评价方法

试验设 2 个处理，处理 1：伤口面积小于 100 cm^2，枝条直径为 5 cm 左右；处理 2：伤口面积大于 300 cm^2，枝条直径为 10 cm 左右。不同药剂处理的作用效果以愈合度来评价计算方法，试验的每一处理伤口数为 50 个，伤口表面涂不同药剂处理，30 d 后在伤口处涂抹苹果树腐烂病树皮研磨液（加水 5 倍，冰浴研磨）。本试验 2006 年 4 月 5 日在内蒙古园艺示范园区进行，调查于当年秋季 2006 年 10 月 12 日和次年春季 2007 年 4 月 20，观察和记录愈合和发病情况，并统计平均增效。

平均增效（%）=（处理平均愈合-对照平均愈合）/对照平均愈合×100%。

3.1.2.7 伤口复发调查方法

试验的每一处理伤口数为 50 个，伤口表面涂不同药剂处理，30 d 后在伤口处涂抹苹果树腐烂病树皮研磨液（加水 5 倍，冰浴研磨）。本试验 2006 年 4 月 5 日在内蒙古园艺示范园区进行，调查于当年秋季 2006 年 10 月 12 日和次年春季 2007 年 4 月 20 日，观察和记录复发情况，并计算复发率。

复发率=复发病斑数/处理病班数×100%。

3.1.2.8 伤口愈合调查方法

伤口愈合计算方法：用一张纸在伤口部位画下外围线和内部未愈合部位的外周围线，然后把两个周线描绘在带有规范方格的坐标图纸上，计算每个周线所围的方格数。那么，伤口总面积=伤口部位外围周线所围方格数。

单个方格的面积、伤口部位的愈合面积=伤口外未愈合部位外围周线所围方格数×单个方格的面积；将两次计算结果代入下式，即得到伤口愈合率。

伤口愈合率（%）=（伤口总面积-未愈合面积）/伤口总面积×100%。

3.1.2.9　数据分析方法

采用 DPS 辅助统计软件，利用新复极差法进行统计。

3.1.3　试验设计

3.1.3.1　处理设置

A、B、C、D、E、F、G、H、CK 分别代表 0.8 万、1.2 万、1.6 万单位·L 医用青霉素、PA 培养基上产黄青霉菌 1 的分泌物过滤液，PA 培养基上产黄青霉菌 2 的分泌物过滤液，无公害药剂 1（产黄青霉菌 1 在糖源为葡聚六糖的 PA 培养基上生长过滤液），无公害药剂 2（产黄青霉菌 2 在糖源为葡聚六糖的 PA 培养基上生长过滤液）、农药 70% 福美砷可湿性粉剂，清水对照处理，每个处理设 3 次重复。菌落生长每隔 12h 观测 1 次，酶活性隔 7d 测定 1 次。

3.1.3.2　酶活力单位

u：1mL 酶液在 50℃、pH 值 5.0 的条件下，1min 分解果胶产生 1mg 半乳糖醛酸为一个酶活单位。

3.1.3.3　不同处理在田间对苹果树腐烂病影响的试验

共设八个处理：A、B、C、D、E、F、G、H、CK。采用树干涂抹法用药，施药前将病部的树皮用刀刮剥到韧皮部，然后将药液涂抹于其上，每个处理重复 3 次，分别在 A、B、C、D，E 5 个小区同时进行，每个小区 6 棵树，其中包括按照苹果树腐烂病分级标准 1、2、3 级各 2 棵，对每棵树涂药前随机选定一处病斑，采用红漆给予标记。采用随机排列，在 2006 年 4 月和 2006 年 9 月用药涂抹。在 2007 年 4 月 10 日进行调查，计算不同小区的愈合率和复发率，统计防治效果。

3.2　结果分析

3.2.1　腐烂病原菌分离鉴定结果

3.2.1.1　病原菌的形态观察

从内蒙古园艺示范园区采集的病组织中分离获得致病菌，其在 PDA 培养基上形成菌落。依据分生孢子器和分生孢子大小进行病原菌的鉴定，其为苹果壳囊孢（Cytospora sp.）。

苹果壳囊孢菌落在 PDA 平板上初为白色毛毡状，均匀的向四周扩展，后渐渐变为灰褐色。在 PDA 培养基上 28℃ 条件下 20 d 后开始形成黑色的子座，内生大量的分生孢子。分生孢子器大小为 543 μm×687 μm，分生孢子大小为（3.74～5.12）μm×（0.8～1.2）μm，其生长情况如图 3-1 所示。

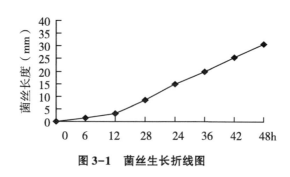

图 3-1　菌丝生长折线图

在 28℃ 时 24 h 菌落直径可达 17 mm，2 d 可长满 70 mm 的培养皿，菌落生长初期为白色，后期褐色，并在培养基上长出直径为 2～3 mm 的黑色小瘤状物为分生孢子器，用刀片切开在解剖镜下观察可看到白色黏稠的分生孢子块，将其放在 40× 显微镜下可观察到腊肠形无色单胞分生孢子，把分生孢子器切成薄片可看到里面有很多腔室，内生绒毛，病原菌的产孢期为 20～30 d。

3.2.1.2　回接及致病性的测定

由表 3-1 实验结果可知：用分离的致病菌接种苹果的两年生枝段，均能发病，表现与田间相同的症状。苹果壳囊孢菌接种后的的发病率为 96.67%。致病菌在接种 7 d 后开始显症，初为水渍状的褐色斑点，14 d 开始有酒糟味，此后病斑向四周扩展，病部开始有黑色小点出现，对照均未感病。

致病菌活体接种苹果枝条实验结果见表 3-2。

表 3-1　致病菌离体接种苹果枝条实验结果

项　目	接种枝条（段）	发病枝条（段）	发病率（%）
苹果壳囊孢子	30	29	96.67
CK（清水）	30	0	0

注：对照为无菌枝条。

表 3-2　致病菌活体接种苹果枝条实验结果

项　目	接种枝条（段）	发病枝条（段）	发病率（%）
割伤+苹果壳囊孢子（A）	30	28	93.33
烫伤+苹果壳囊孢子（B）	30	30	1
割伤+清水对照（C）	30	0	0
烫伤+清水对照（D）	30	0	0

从数据处理表 3-3 看出：活体接种发病率 B（1）>A>（0.9322）>C（0）>D（0）；$P<0.01$，说明不同处理间有极显著差异。用新复极差法处理表明，2 种活体接种方法对发病率的影响差异达到 Alpha＝0.01 水平之上，尽管两种活体接种方法均可满足发病要

求，但 B 处理方法接种效果较好。分析原因：割伤是对树体组织的物理损伤，烫伤是对树体的化学性损伤，不利于伤口的愈合，有利于接种的成功。

表 3-3　DPS 新复极差法检验结果

处理	均值	5%显著水平	1%极显著水平
烫伤+苹果壳囊孢子（B）	1	a	A
割伤+苹果壳囊孢子（A）	0.93	b	B
割伤+清水对照（C）	0	c	C
烫伤+清水对照（D）	0	c	C

3.2.1.3　致病菌的再分离和鉴定结果

用接种发病的枝段做常规病组织分离，获得的分离菌与原接种菌形态特征相同。

3.2.2　产黄青霉菌的形态性状观察

两个菌种初期形态相似，为致密絮状物，后期都平铺生长，产生毛毡状物，在查氏培养基的表面有黄色或棕色的液滴渗出。产黄青霉菌 1 生长较快，菌落为圆形，在查氏培养基上生长为白色，在 PDA 培养基上初期也为白色，后期为绿色，有放射状沟纹；产黄青霉菌 2 生长较慢，菌落为若干小球状，在两种培养基上都为白色，生长情况如图 3-2、图 3-3 所示。

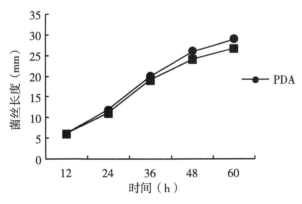

图 3-2　产黄青霉菌 1 菌丝生长折线图

通过显微镜观察，可见菌丝的生长状态为单细胞，有分枝，分生孢子椭圆形，表面光滑，分生孢子梗表面光滑，有 2～3 个分枝，帚状枝不对称，有长短不等的副枝；菌落圆形，绒状或絮状，后期菌落为蓝绿色，边缘白色。菌落在培养基上 12～24 h 生长速度变化不明显，在 24～48 h 生长速度明显大于前 24 h，当菌落生长到 2 d 后长满培养皿。

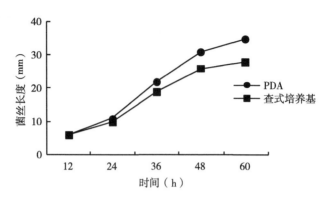

图 3-3 产黄青霉菌 2 菌丝生长折线图

每个菌种都有最适的生长温度，当达到这个温度时，菌种中的酶的活性最强，细胞生殖生长最快，宏观表现为生长速率加快。当温度过高时，菌中酶的活性降低，菌落表现出生长速率缓慢或停止，甚至被杀死。由图 3-4、图 3-5 可以明显地看出产黄青霉菌1，2 的最适生长温度均为 26～28℃。

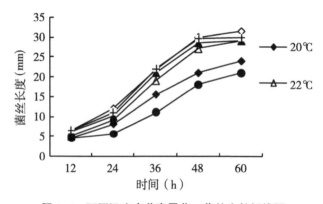

图 3-4 不同温度产黄青霉菌 1 菌丝生长折线图

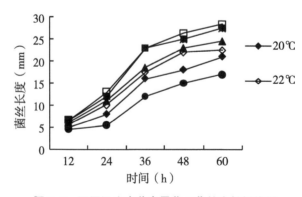

图 3-5 不同温度产黄青霉菌 2 菌丝生长折线图

3.2.3　不同药剂田间处理发病树体防御性酶系的活性变化

3.2.3.1　不同药剂处理发病树体 POD 活性的变化

POD 是普遍存在于植物组织中的一种氧化还原酶，以 H_2O_2 作为电子受体，氧化各种次生代谢过程中的物质，不同外界条件均可诱导 POD 活性发生变化，已被广泛用于植物的抗性研究。从图 3-6～图 3-8 和表 3-4 可知，药剂处理后感病树体的 POD 活性相对 CK 明显升高，20～30 d 后达到最大值，但随着病害程度的加重，POD 的活性逐渐降低。在不同药剂处理中，无公害药剂 1 处理后的 POD 的活性显著的高于其他几个处理，最大值为 50.23、47.6、46.5 $u \cdot g^{-1} \cdot min^{-1}$。

表 3-4　不同药剂处理 POD 酶活性的变化

病害程度	时间 (d)	处理							CK
		A	B	C	D	E	F	G	
1 级	0	8.12Aa	8.12Aa	8.12Aa	8.12Aa	8.12Aa	8.12Aa	8.12Aa	8.12Aa
	7	8.9Dd	9.55Cc	9Dd	8.9Dd	8.85Dd	10.78Aa	10.04Bb	8.36Ee
	14	18.74Cd	21.29Bb	20.85Bc	18.65Cd	18.41Cd	25.8Aa	16.9De	11.8Ef
	21	27.45Ff	38.41Bb	31.96Dd	30.6Ee	34.6Cc	42.3Aa	38.49Bb	14Gg
	28	39.4Aa	48.2Dd	41.2Cc	42.7Dd	40.9Aa	48.2Bb	46.4Ee	14.7Ff
	35	40.71Ff	47.93Bb	42.11Ee	44.5Dd	39.8Gg	50.23Aa	46Cc	15.1Hh
2 级	0	7.5Aa	7.5Aa	7.5Aa	7.5Aa	7.5Aa	7.5Aa	7.5Aa	7.5Aa
	7	8.62De	9.33Cc	8.82Dd	8.75Dde	8.74Dde	10.28Aa	9.7Bb	8.14Ef
	14	17.98Aa	20.76Aa	19.84Aa	18Aa	17.98Aa	21.21Aa	21.01Aa	14.3Aa
	21	31.5Cc	36.92Bb	29.99Dd	30Dd	29.34De	38.25Aa	37.96Aa	17.2Ef
	28	35.1Gg	45Cc	36.2Ff	37.7Ee	42.8Dd	49.8Aa	46Bb	18.3Hh
	35	32.9Gg	44.3Bb	36Ff	39.1Dd	37Ee	47.6Aa	41.7Cc	16AHh
3 级	0	6.73Aa	6.73Aa	6.73Aa	6.73Aa	6.73Aa	6.73Aa	6.73Aa	6.73Aa
	7	7.59De	8.41Cc	7.78Dd	7.69Dde	7.59De	9.49Aa	8.92Bb	7.32Ef
	14	16.78Dd	19.67Aa	18.92Cc	16.95Dd	16.83Dd	20.37Ee	19.94Bb	10.2Ff
	21	25.35Ff	36.01Aa	29.03Dd	28.99Dd	30.7Cc	33.7Bb	26.86Ee	12.8Gg
	28	34.21Gg	46.87Bb	36.6Ff	37.7Ee	41.7Dd	48.75Aa	45.04Cc	13.5Hh
	35	32Ff	41.3Cc	36Ee	38.8Dd	36.2Ee	46.5Aa	43.2Bb	14Gg

备注：T：不同药剂处理；CK：对照，方差分析比较同一天同一指标各数值的显著性，不同字母表示差异显著，大写代表 0.05 水平，小写 0.01 水平。以下表同。

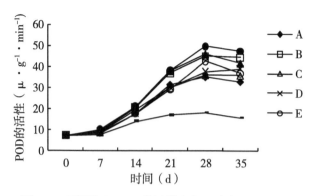

图 3-6　不同处理 POD 的活性变化（病害程度 1 级）

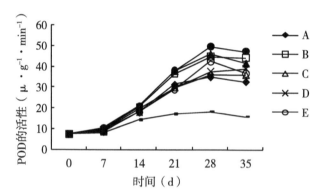

图 3-7　不同处理 POD 的活性变化（病害程度 2 级）

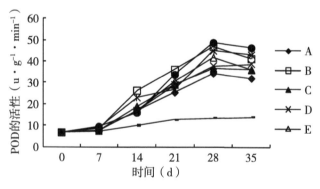

图 3-8　不同处理 POD 的活性变化（病害程度 3 级）

3. 2. 3. 2　不同药剂处理发病树体 PPO 活性的变化

PPO 是一类广泛分布于植物体内能催化多酚类氧化成醌类的质体金属酶。从图 3-9、3-10、3-11 和表 3-5 可知，不同药剂处理下的感病树体 PPO 活性相对 CK 明显升高，至 28 d 左右达到最大值，30 d 保持平稳缓慢变化，其中无公害药剂 2 处理后的

PPO 的活性显著高于其他处理，按照腐烂病病害程度分级，最大值分别为 4.09、3.35、3.05 $u \cdot g^{-1} \cdot min^{-1}$。

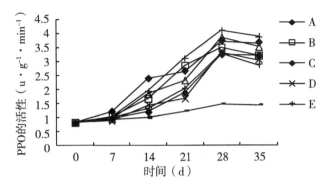

图 3-9　不同处理 PPO 的活性变化（病害程度 1 级）

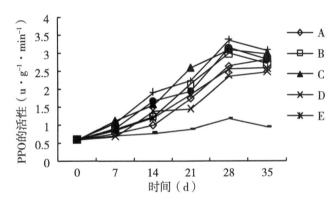

图 3-10　不同处理 PPO 的活性变化（病害程度 2 级）

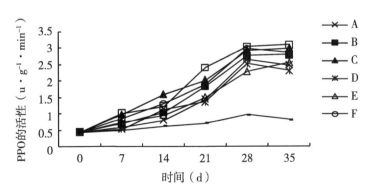

图 3-11　不同处理 PPO 的活性变化（病害程度 3 级）

表 3-5　不同药剂处理 PPO 活性的变化

病害程度	时间（d）	处理							CK
		A	B	C	D	E	F	G	
1级	0	0.8Aa	0.8Aa	0.8Aa	0.8Aa	0.8Aa	0.8Aa	0.8Aa	0.8Aa
	7	0.95Dd	1.03Bb	1.21Aa	0.88Ff	0.99Cc	0.94DEd	1Cc	0.92Ee
	14	1.18Gg	1.65Dd	2.38Aa	1.43Ee	1.29Ff	1.83Cc	1.93Bb	0.99Hh
	21	1.86Ff	2.85Bb	2.65Cc	1.65Gg	2.01Ee	2.32Dd	3.11Aa	1.22Hh
	28	3.23Ff	3.48Dd	3.72Cc	3.32Ee	3.29EFe	3.85Bb	4.09Aa	1.46Gg
	35	3.2Dd	3.2Dd	3.66Bb	3.02Ee	2.87Ff	3.51Cc	3.87Aa	1.43Gg
2级	0	0.59Aa	0.59Aa	0.59Aa	0.59Aa	0.59Aa	0.59Aa	0.59Aa	0.59Aa
	7	0.76Ee	0.89Cc	1.11Aa	0.69Ff	0.85Dd	0.9Cc	1.05Bb	0.7Ff
	14	0.99Gg	1.23Ee	1.57Cc	1.38Dd	1.19Ff	1.67Bb	1.91Aa	0.77Hh
	21	1.74Ee	2.13Cc	2.58Aa	1.44Ee	1.85Dd	1.94Dd	2.22Bb	0.88Gg
	28	2.63De	2.98Cd	3.09Bc	2.36Fg	2.55Ef	3.14Bb	3.35Aa	1.16Gh
	35	2.81Cc	2.68Dd	2.98Bb	2.47Ff	2.58Ee	2.83Cc	3.07Aa	0.94Gg
3级	0	0.43Aa	0.43Aa	0.43Aa	0.43Aa	0.43Aa	0.43Aa	0.43Aa	0.43Aa
	7	0.58Ff	0.69Ee	0.97Bb	0.53Gg	0.74Dd	0.87Cc	1.01Aa	0.5Hh
	14	0.81Gg	1.04Ee	1.59Aa	1.13Dd	0.96Ff	1.31Bb	1.22Cc	0.62Hh
	21	1.45Ff	1.83Dd	2.03Bb	1.36Gg	1.51Ee	1.89Cc	2.41Aa	0.7Hh
	28	2.67De	2.78Cd	2.94Bc	2.52Ef	2.29Fg	2.99ABb	3.05Aa	0.96Gh
	35	2.48Ff	2.81Dd	3Bb	2.3Gg	2.56Ee	2.88Cc	3.1Aa	0.8Hh

3.2.3.3　不同药剂处理发病树体 PAL 活性的变化

苯丙氨酸类代谢是形成多种具有抗菌作用的产物之一，如酚类化合物、木质素等，他们催化苯丙氨酸类的脱氨反应，使 NH_3 释放出来，形成反式肉桂酸，直接参与各种抗性活动。从图 3-12、3-13、3-14 和表 3-6 可知，不同药剂处理下的感病树体 PAL 活性相对 CK 明显升高，28 d 左右出现高峰，峰值差异较明显，其中用青霉素 1.2 万·L^{-1} 单位处理后的感病树体的 PAL 的峰值最大，为 0.84、0.78、0.56 $u·g^{-1}·min^{-1}$，但随着树体病害程度的加重，PAL 的活性整体有下降趋势。

表 3-6　不同药剂处理 PAL 活性的变化

病害程度	时间（d）	处理							CK
		A	B	C	D	E	F	G	
1级	0	0.17Aa	0.17Aa	0.17Aa	0.17Aa	0.17Aa	0.17Aa	0.17Aa	0.17Aa
	7	0.2Gg	0.31Aa	0.28Cc	0.19Hh	0.21Ee	0.25Dd	0.3Bb	0.2Hh
	14	0.33Gg	0.509Aa	0.37Ee	0.393Dd	0.34Ff	0.417Cc	0.45Bb	0.24Hh
	21	0.54Ee	0.69Bb	0.48Ee	0.59Dd	0.589Dd	0.71Aa	0.62Cc	0.264Ff
	28	0.72Cd	0.84Aa	0.67De	0.66De	0.6Ef	0.736Cc	0.78Bb	0.344Fg
	35	0.669Cc	0.865Aa	0.56Ff	0.595Ee	0.54Gg	0.693Bb	0.65Dd	0.288Hh

（续表）

病害程度	时间（d）	处理							CK
		A	B	C	D	E	F	G	
2级	0	0.1Aa	0.1Aa	0.1Aa	0.1Aa	0.1Aa	0.1Aa	0.1Aa	0.1Aa
	7	0.15Ef	0.24Ab	0.19Cd	0.16De	0.19Cd	0.2Bc	0.244Aa	0.13Fg
	14	0.28Ff	0.445Aa	0.31Dd	0.25Gg	0.3Ee	0.42Bb	0.35Cc	0.184Hh
	21	0.421Dd	0.628Aa	0.39Ee	0.45Cc	0.48Bb	0.477Bb	0.634Aa	0.233Ff
	28	0.61Aa	0.78Dd	0.63Ee	0.573Cc	0.665Bb	0.74Cc	0.672Ff	0.271Gg
	35	0.586Ef	0.754Aa	0.634Dd	0.52Fg	0.623De	0.68Cc	0.705Bb	0.255Gh
3级	0	0.079Aa	0.079Aa	0.079Aa	0.079Aa	0.079Aa	0.079Aa	0.079Aa	0.079Aa
	7	0.13Gg	0.2Bb	0.16Ee	0.14Ff	0.18Cc	0.229Aa	0.17Dd	0.098Hh
	14	0.23Ff	0.32Aa	0.28Bb	0.25Dd	0.22Gg	0.26Cc	0.24Ff	0.166Hh
	21	0.37Ff	0.56Aa	0.44Cc	0.35Ff	0.3Gg	0.463Bb	0.39Dd	0.18Hh
	28	0.58De	0.7Aa	0.63Cd	0.52Ef	0.48Fg	0.64Cc	0.68Bb	0.22Gh
	35	0.6Aa	0.71Bb	0.62Ee	0.551Dd	0.59Bb	0.683Bb	0.68Ff	0.176Gg

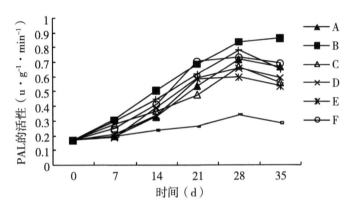

图 3-12　不同处理 PAL 活性的变化（病害程度 1 级）

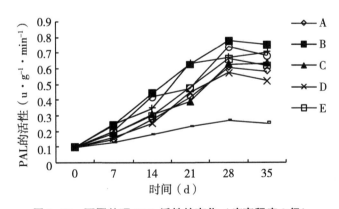

图 3-13　不同处理 PAL 活性的变化（病害程度 2 级）

3.2.3.4　不同药剂处理发病树体 CAT 活性的变化

过氧化氢酶（CAT）是一种酶类清除剂，又称为触酶，是以铁卟啉为辅基的结合

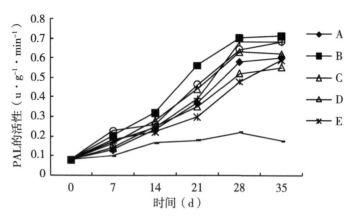

图 3-14　不同处理 PAL 活性的变化（病害程度 3 级）

酶。它可促使 H_2O_2 分解为分子氧和水，清除体内的过氧化氢，从而使细胞免于遭受 H_2O_2 的毒害，是生物防御体系的关键酶之一。从图 3-15、图 3-16、图 3-17 和表 3-7 可知，不同药剂处理下的感病树体 CAT 活性相对 CK 显著升高，至 28 d 左右达到最大值，30 d 后保持平稳缓慢变化，其中 1.2 万单位青霉素液处理效果最好，按照腐烂病病害程度分级，CAT 的值分别为，483.63、440.86、400.27 $u \cdot g^{-1} \cdot min^{-1}$。

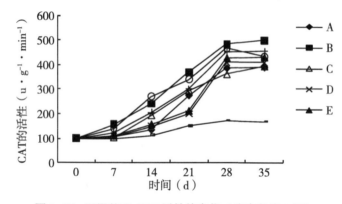

图 3-15　不同处理 CAT 活性的变化（病害程度 1 级）

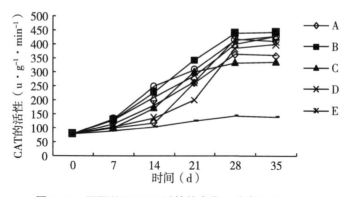

图 3-16　不同处理 CAT 活性的变化（病害程度 2 级）

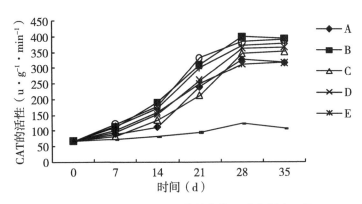

图 3-17　不同处理 CAT 活性的变化（病害程度 3 级）

表 3-7　不同药剂处理 CAT 活性的变化

病害程度	时间（d）	处理							CK
		A	B	C	D	E	F	G	
1 级	0	99.45Aa	99.45Aa	99.45Aa	99.45Aa	99.45Aa	99.45Aa	99.45Aa	99.45Aa
	7	109.35Dd	157Aa	103.41Ee	108.44Dd	110.62Dd	140Bb	124Cc	101.32Ef
	14	135Gg	240Bb	194Dd	149.31Ff	157.26Ee	271Aa	205Cc	113Hh
	21	274.78De	370Aa	295.31Cd	199.77Fg	212Ef	340Bb	300.95Cc	150Gh
	28	386.51Ff	483.63Aa	362Gg	410.27Ee	429.03Dd	467.72Bb	453.19Cc	172Hh
	35	390Ee	500Aa	395.61Ee	411.19Dd	431.56Cc	435Cc	455.64Bb	168Ff
2 级	0	80.12Aa	80.12Aa	80.12Aa	80.12Aa	80.12Aa	80.12Aa	80.12Aa	80.12Aa
	7	100Ef	130.12Bb	103.06De	105.36Dd	114.29Cc	135.45Aa	128.73Bb	90Fg
	14	119.79Gg	231.01Bb	173.78Ee	137.62Ff	184.56Dd	250Aa	210.12Cc	105Hh
	21	261.42Ee	342.43Aa	300.76Cc	200.99Ff	264.28Ee	310.25Bb	285.16Dd	127Gg
	28	363.91Ee	440.86Aa	334.77Ff	385.43Dd	418.63Bb	415Bb	400Cc	145Gg
	35	358.68Ee	444.03Aa	337Ff	400Dd	411Cc	430.47Bb	428.03Bb	142Gg
3 级	0	65.76Aa	65.76Aa	65.76Aa	65.76Aa	65.76Aa	65.76Aa	65.76Aa	65.76Aa
	7	89.13Ff	110.78Cc	80.97Gg	95.99Ee	100.46Dd	120.74Aa	114.85Bb	70.87Hh
	14	110.83Gg	189.97Aa	133.76Ff	150.69Ee	158.92Dd	177.23Bb	169.28Cc	82Hh
	21	238.82Ff	311.44Bb	212.64Gg	261.01Dd	249.98Ee	332.61Aa	299.53Cc	95Hh
	28	325.76Ef	400.27Aa	346.61De	363.11Cd	310.15Fg	382.46Bb	370.22Cc	122Gh
	35	315.91Ee	395.28Aa	351.85Dd	366.25Cc	315.9Ee	390.04Aa	377.13Bb	107Ff

3.2.4　不同药剂处理后腐烂病原菌主要分泌物—果胶酶活性的变化

　　苹果树腐烂病病原菌在侵染过程分泌的果胶酶，可以分解寄主细胞壁中的果胶质，使寄主细胞结构受到破坏。树体枝干上接种病原菌 20 d 后，在感病树体上喷施不同的药剂处理，每隔 7 d 测定一次病组织中的果胶酶，如图 3-18 及表 3-8 可知，树体接种以后，果胶酶活性成增强趋势，CK 的果胶酶活性在 28 d 达到最大值，为 130.29 u·g^{-1}·min^{-1}。不同药剂处理后的病组织，其果胶酶活性与 CK 有显著性差异，这说明青霉素对感病树体上的病原菌分泌物果胶酶有抑制作用，其中 1.2 万单位青霉素的药剂处理差异最显著（$P =$ 0.01），35 d 时，果胶酶的活性为 23.34 u·g^{-1}·min^{-1}，而 CK 为 128 u·g^{-1}·min^{-1}。

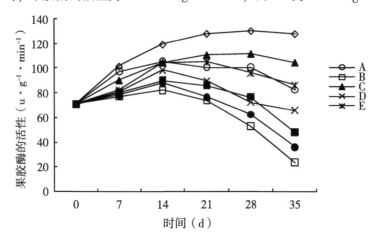

图 3-18　不同处理对果树烂皮中果胶酶活性的影响

表 3-8　不同处理对果树烂皮中果胶酶活性的影响

时间 （d）	处理							CK
	A	B	C	D	E	F	G	
0	71Aa	71Aa	71Aa	71Aa	71Aa	71Aa	71Aa	71Aa
7	97.45Bb	77.02Ff	90.5Cc	80.98Dde	82.36Dd	78.45EFf	80.37DEe	101.5Aa
14	105.76Bb	82.35Ef	105Bb	98.63Cc	104.24Bb	88De	90.27Dd	119.34Aa
21	100.98Dd	73.71Hh	111Bb	89.8Ee	105Cc	76.8Gg	85.9Ff	128Aa
28	100.7Cc	52.68Hh	112Bb	72Ff	96Dd	62.3Gg	76.8Ee	130.29Aa
35	82.8Dd	23.34Hh	105Bb	65.54Ee	86.2Cc	36Gg	48Ff	128Aa

3.2.5　不同药剂阻止病菌侵入和促进伤口愈合的效果

通过青霉素阻止病菌侵入和促进伤口愈合效果试验，结果表明（表 3-9）：无公害药剂 1 和无公害药剂 2，青霉素（1.2 万单位·L^{-1}）均有很好的促进伤口愈合的能力，与对照相比平均增效为 74.03%，67.32%，66.67%；1.6 万单位·L^{-1} 和 0.8 万单位·L^{-1} 的青霉素液、产黄青霉菌 1 和产黄青霉菌 2 的分泌物过滤液也起到一定的愈合效果，但效果在本实验中不太明显；福美砷起到一定的愈合效果，但效果在本实验中不太明显；比较 100 cm^2 和 300 cm^2 处理伤口愈合情况，发现药剂对小型伤口（100 cm^2）愈合效果较大型伤口（300 cm^2）显著；对在发病率调查中发现，青霉素（1.2 万单位·L^{-1}）

能很好地阻止病菌的侵入，次年春季发病率仅为 3.0%；其他药剂处理的发病率均低于对照。以上实验初步表明：产黄青霉菌的主要分泌物即青霉素能有效地促进伤口愈合，并能阻止病原菌的再入侵，配合寡糖的使用，效果更佳。对具有平均增加效果的八个处理进行方差分析，处理数据结果见表 3-10 无公害药剂 1 处理后伤口的平均增效在 1% 水平下与其他处理有显著性差异。

表 3-9　不同药剂阻止病菌侵入和促进伤口愈合的效果

药剂名称	伤口愈合度			发病率	
	处理 1	处理 2	平均增效	当年秋季	次年春季
A	0.341	0.203	17.75	7.8	14.7
B	0.532	0.238	66.67	0	3
C	0.347	0.188	15.80	8.6	16.5
D	0.321	0.231	19.48	10.5	15.8
E	0.318	0.236	19.91	9.9	15.1
F	0.553	0.251	74.03	0.6	2.9
G	0.541	0.232	67.32	1.8	6.5
H	0.351	0.221	23.81	0.4	5.5
CK	0.289	0.173	0	19.6	35

表 3-10　DPS 新复极差法检验结果

处理	均值	5% 显著水平	1% 极显著水平
F	74.03	a	A
G	67.32	b	B
B	66.67	b	B
H	23.81	c	C
E	19.91	d	D
D	19.48	d	D
A	17.75	e	E
C	15.80	f	F
CK	0.00	g	G

3.2.6　田间药效试验结果

3.2.6.1　不同药剂对刮治苹果腐烂病病斑后伤口愈合的影响

通过田间药效对比试验，结果表明（表 3-11）：用无公害药剂 1 涂治后的伤口愈合率为 44.46%，明显高于其他处理，其相对防效达到 80.44%。对 8 个不同处理的愈合率进行方差分析，数据处理结果见表 3-12，用无公害药剂 1 处理后在 5% 水平下与其他处理有显著差异。

表 3-11　不同药剂对刮治苹果树腐烂病伤口愈合的结果

处理	不同小区愈合率（%）					平均愈合率	相对防效（%）
	A	B	C	D	E		
A	33.6	34.5	35.1	34.9	33.9	34.40	39.61
B	43.2	44.5	42.9	43.8	44.1	43.70	77.35
C	30.5	29.6	31.9	31.5	30.9	30.88	25.32
D	31.3	29.8	29.2	31.5	31.4	30.44	25.54
E	30.8	30.8	30.0	27.8	28.6	29.59	20.11
F	45.3	43.7	43.5	45.0	44.8	44.46	80.44
G	36.3	37.1	36.6	36.4	39.8	37.24	51.14
H	35.4	36.2	35.8	36.1	35.5	35.80	45.29
CK	24.6	24.9	24.4	24.2	25.1	24.64	-

表 3-12　DPS 新复极差法检验结果

处理	均值	5%显著水平	1%极显著水平
F	44.46	a	A
B	43.7	b	A
G	37.24	c	B
H	35.8	d	C
C	30.88	e	D
D	30.44	e	D
E	29.54	f	E
A	25.96	g	F
CK	24.64	h	G

3.2.6.2　不同药剂处理涂治苹果树腐烂病伤口后的复发情况

由以上实验结果表明（表 3-13）：用无公害药剂 1 处理后的腐烂病伤口复发率为 5%，明显的低于其他药剂处理后的复发率，其中 1.2 万单位·L^{-1}青霉素处理后的伤口复发率为 10%、CK 为 90%。说明无公害药剂 1 对于进行苹果树腐烂病防治中，效果较好。

表 3-13　不同药剂刮治苹果树腐烂病伤口后的复发结果

处理	处理病斑（个）	复发病斑（个）	复发率（%）
A	20	7	35
B	20	2	10

（续表）

处理	处理病斑（个）	复发病斑（个）	复发率（%）
C	20	9	45
D	20	9	45
E	20	10	50
F	20	1	5
G	20	3	15
H	20	4	20
CK	20	18	90

3.3 讨 论

本项研究对苹果树腐烂病病原菌的分离鉴定、产黄青霉菌形态性状观察、医用青霉素和产黄青霉菌分泌物过滤液在田间对感病树体防御性酶系活性的影响、及其对病原菌主要分泌物活性的影响进行了初步的研究、对药剂的抑制作用进行了测定，讨论如下。

3.3.1 分离病原菌的鉴定

1909 年，宫部、山田证明苹果腐烂病是真菌病害，将病原菌定名为 Valsa mali Miyabe et Yamadao，其无性型产生壳囊孢属（Ctospora）的分生孢子器（宗兆锋，康振生）。通过本试验研究发现，在内蒙古园艺示范区分离的病原菌是苹果壳囊孢（Cytospora sp.），其可以在 PDA 培养基上产生无性世代分生孢子器。刘开启等（1996）在对苹果腐烂病侵染来源的研究中认为苹果壳囊孢（Cytospora sp.）、梨壳囊孢（C. carphosperma）、山楂壳囊孢（C. ozyacanthcu）、核果壳囊孢（C. leucostoma）对苹果枝条均有较强致病力（陈策等，1986）。试验结果与刘开启等（1996）在对苹果腐烂病侵染来源的研究的结果一致。

本实验对分离病原菌均采用依据无性世代分生孢子器的大小和特征这一经典形态学方法进行鉴定。该方法至今还是真菌分类鉴定的基础方法，曾经在真菌的研究历史中发挥过重大作用。但随着分子生物学迅速发展，微生物的分类已进入到了菌体内高分子物质如蛋白质、酶、脂肪、糖类与核酸结构与功能方面的研究。由于本实验条件限制，无法进行高分子化学组成成分分析，对所得的鉴定结果还有待于用上面一些方法进行验证。

3.3.2 产黄青霉菌形态性状观察

产黄青霉菌（Penicillium chrysogenum）又称橄榄型青霉，为半知菌亚门，丝孢纲，丝孢目，丛梗孢科，青霉属的真菌。菌丝内有横隔膜，为多细胞丝状真菌，其完整的生长周期包括孢子萌发，菌丝生长尖端延伸、分支、分化形成分生孢子。产黄青霉菌是制备青霉素产生菌中分泌青霉素较多的菌种之一，而且方法容易掌握。本试验是在前人用青霉素治疗苹果树腐烂病研究的基础上，通过对所选取的两个产黄青霉菌种的形态性状观察，更进一步认识产黄青霉菌，为制备"生物农药"治疗腐烂病奠定一定基础。

3.3.3 无公害药剂对苹果树腐烂病的防治效果

本研究证实产黄青霉菌分泌物过滤液（尤其是无公害药剂1、2）、青霉素液（尤其是1.2万单位·L^{-1}）能够有效地防愈苹果树腐烂病，其机理不是直接的抑制病原菌的生长，而是抑制了病原菌主要分泌物的果胶酶的活性，并且通过增强树体的抗病性（提高防御性物质的活性或含量）和促进伤口的愈合来防愈病害。这样就打破了青霉素只被用于治疗细菌引起病害的格局。所以青霉素作为一种植物生长促进型生长调节剂（Dickerson，D.P.，S.F.，1984），可以防御植物病害，对于果树腐烂病这类弱侵染、弱寄生（许志刚，1979），强传播、蔓延，发病危害严重，具有潜伏侵染特性（阎应理等，1988）的病害也有较好的治愈效果。但其具体的大田喷施方式、时间、用量，还不特别明确，需要进一步研究。

3.3.4 产黄青霉菌和寡糖在生物防治苹果树腐烂病过程中应用初探

以往在进行苹果腐烂病的防治研究中，化学防治多集中在杀菌剂的选用。对生物防治也进行了不少的研究，我国学者甚至开展了利用中草药进行果树腐烂病防治的研究，并相继取得了不同的进展。随着人们自身生活安全意识的加强，杀菌剂将被淘汰出了市场，化学防治和中草药防治的滞后性已不能满足市场的需要。产黄青霉菌的主要分泌物是青霉素，寡糖一方面作为糖源可以成为 PA 培养液的主要成分之一，为培养产黄青霉菌提供营养；另一方面作为诱导剂，对多种病害都表现出诱导抗病性，同时作为一种糖类物质，完全能在自然界中降解，绝不污染生态环境。本研究利用产黄青霉菌在寡糖为糖源的 PA 培养基产生的分泌物过滤液治疗苹果腐烂病，为目前防治苹果腐烂病提供了一个新的思路，但是其稳定性，具体定量还需要不断研究。

3.4 结 论

本项研究主要进行了苹果树腐烂病病原菌的鉴定、产黄青霉菌形态性状观察、青霉素和产黄青霉菌分泌物过滤液在田间对感病树体的 POD、PPO、PAL、CAT 活性的影响、及其对病原菌主要分泌物活性的影响进行了初步的研究、并进行了苹果树腐烂病的田间药效试验。主要取得了以下结果。

（1）通过分离内蒙古园艺示范园区采集的病组织，得到病原菌，并进一步使其产孢，通过病原菌确定引起该地区苹果腐烂病的病原菌是苹果壳囊孢（Cytospora sp.）。

（2）通过活体回接试验表明：利用烫伤在活体上接种比割伤在活体上接种的效果好，回接发病率为 100%。

（3）通过对实验室内培养的两个产黄青霉菌进行观察，结果表明：两个产黄青霉菌种在 PDA 培养基上菌丝生长较快，菌落在 24～48 h 时生长速度最快，最适生长温度为 26～28℃。

（4）研究表明：不同药剂处理发病树体后，POD、PPO、PAL、CAT 的活性都有不同程度的提高，即处理药剂与酶活性的变化呈正相关，在处理后的 28 d 左右酶的活性出现峰值，通过数据处理后，发现无公害药剂 1 处理后的 POD 的活性显著的高于其他几个处理；无公害药剂 2 处理后的 PPO 的活性显著高于其他处理；青霉素 1.2 万单位·L^{-1} 处理后的 PAL 的活性显著高于其他处理；青霉素 1.2 万单位·L^{-1} 处理后的 CAT 的活性显著高于其他处理，表明通过不同药剂处理对寄主的诱导，可以使其自身抗病酶的活性大大提高，这样可以有效的抵御病原菌的侵染。

（5）不同药剂处理后，病原菌的主要分泌物果胶酶活性降低，处理后 30 d 左右，果胶酶的活性最低，其中 1.2 万单位·L^{-1} 的青霉素液处理效果最好，活性为 23.34 u·g^{-1}·min^{-1}。

（6）初步研究表明：无公害药剂 1 可以有效地阻止病原菌的侵入和促进伤口的愈合，平均愈合率为 44.46%，相对防治效果为 80.44%，复发率为 5%。

第 4 章　青霉素对苹果树腐烂病中根皮苷影响的研究

4.1 材料和方法

4.1.1 试验材料

根据测定结果，选择 7~8 年生的金红苹果树作为鉴定的主要材料，选取：①健壮果树的树皮；②染病树皮。从染病的苹果树皮腐烂组织分离提纯选取出的腐烂病菌。测定试验在内蒙古农业大学生物工程学院测定分析实验室进行。

4.1.2 试验试剂和仪器

仪器设备：AL204 电子天平，自动双重纯水蒸馏器、shm-packLC-20AT 高效液相色谱仪、C18 shim-pack vp-ods l50LX4.6 柱子 shim-pack 285nm 检测器。

根皮背标样：购自 sigma。

原儿茶酸标样：购自 sigma。

羟基苯甲酸标样：购自 sigma。

其他药品：甲醇购自天津科密欧、青霉素-80 万单位，华北制药生产。

4.1.3 腐烂病菌纯品的制备

4.1.3.1 培养基与培养条件（PDA 培养基的配制、分装和灭菌）

将洗净后去皮的马铃薯（200 g）切成 1 cm 见方，加水 1 000 mL 煮沸半小时，用纱布滤去马铃薯将滤液过滤到烧杯中，加水补足 1 000 mL，然后加糖（葡萄糖 15 g）和琼脂（17 g），加热使琼脂完全溶化后趁热用纱布过滤，后分装到已准备好的三角瓶中。将三角瓶放置高压锅中灭菌（121℃，25min）。

4.1.3.2 病原菌的分离

取灭菌培养皿，置于湿纱布上，用无菌操作法向培养皿中加入 25% 乳酸 1 滴，然后将冷却至 50℃ 左右的 PDA 培养基倒入培养皿中，每皿倒 10~15 mL，轻轻摇动成为平面。取采集到的苹果腐烂病病组织，选择典型单个病斑，用剪刀从病斑边缘（病健交界处）剪取小块病组织数块，放入 70% 酒精浸 3 s，移入 0.1% 升汞液中进行表面消毒，放入灭菌水中漂洗 5 次，除去残留的消毒剂。将病组织移至平板培养基上，每皿 4 块。

4.1.4 根皮苷与其分解产物的提取

分别称取三种样品，研磨，用体积分数为 80% 的乙醇溶液于 80℃ 下提取 3 次，合并提取液，于 80℃ 下将乙醇蒸干，再用 80℃ 的蒸馏水溶解，转入分液漏斗，然后加入乙醚萃取 3 次，去掉醚层，保留水相，水相再分别加入乙酸乙酯萃取 3 次，弃去水相，将上层乙酸乙酯相合并后吹干，即得纯品。

4.1.5 样品的洗脱与检测方法

色谱条件：色谱柱为 shim-pack vp-ods 150LX4.6C18；流动相为甲醇-水（50：50）；进样量为 20 uL；流速为 0.7 mL/min；检测波长为 285 nm。方法参照：万荣，杨茜，李莉，向江涛，汪鋆植的《湖北海棠中根皮苷含量测定》。

4.1.6 标准溶液的配制

精确称取标准品约 10 mg，用 50% 甲醇定容至 10 mL，得到标准品的标准溶液。0.45 μ 滤膜过滤，供测定用。标准溶液不使用时放于 4℃冰箱中冷藏保存。

4.1.7 供试样品溶液制备

4.1.7.1 健壮树皮的制备

选取样品 10.0 g，按照根皮苷的提取方法提取后，加入 4 mL 的溶液（甲醇：水 = 50：50）作为提取原液，之后稀释 2 000倍。

4.1.7.2 染病树皮的制备

选取样品 7.0 g，按照根皮苷的提取万法提取后，加入 4 mL 的溶液（甲醇：水 = 50：50）作为提取原液，之后稀释 500 倍。

4.1.7.3 腐烂病菌的制备

选取样品 0.0415 g，按照根皮苷的提取方法提取后，加入 1 mL 的溶液（甲醇：水 = 50：50）作为提取原液，之后稀释 100 倍。

4.1.7.4 青霉素样品制备

将一小瓶 80 万单位的青霉素药品，加入 100 mL 的溶液（甲醇：水 = 50：50），得到 0.8 万单位的待测液。

4.2 结果与分析

4.2.1 预备试验

本次试验属于预备试验，旨在鉴定试验方向的正确性。

色谱条件：色谱柱为 shim-pack vp-ods 150LX4.6C18；色谱条件：色谱柱为 shim-pack vp-ods l50LX4.6C18；流动相为甲醇：水（30：70）；进样量为 20 μL，流速为 1.0 mL/min；检测波长为 285 nm。

4.2.1.1 根皮苷标样的测定

根皮苷标样检测结果见图 4-1。

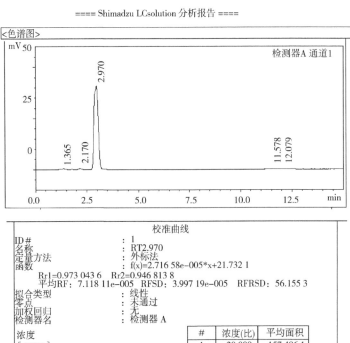

==== Shimadzu LCsolution 分析报告 ====

图 4-1 根皮苷标样检测结果

由检测结果可知：色谱柱为 shim-pack vp-ods 150LX4.6C18；流动相为甲醇：水（30：70）；进样量为 20 μL；流速为 1.0 mL/min；检测波长为 285 nm。在该色谱条件下待测组分可达到基线分离。

标准曲线及线性关系考察：精确吸取对照品溶液注入液相色谱仪，按色谱条件测得峰面积，以峰面积为横坐标，进样浓度为纵坐标，以五次进样浓度，绘制标准曲线。

回归方程如下。

$Y = 2.716\ 58e - 0.05x + 21.732\ 1$。

$R1 = 0.973\ 043\ 6$ $R2 = 0.946\ 813\ 8$ 呈良好的线性关系。

根皮苷标样的保留时间为 2.970 1 min，浓度为 7.417 μg/mL。

4.2.1.2 青霉素标样的测定

青霉素标样检测结果见图 4-2。

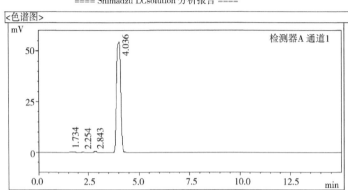

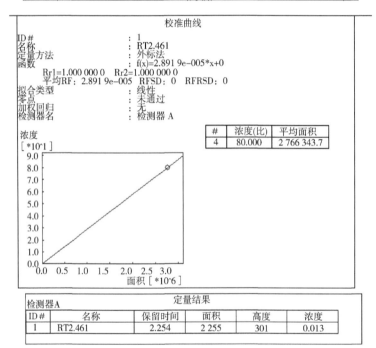

图 4-2 青霉素标样检测结果

由检测结果可知：色谱柱为 shim-pack vp-ods 150LX4.6C18；流动相为甲醇∶水（30∶70）；进样量为 20 μL；流速为 1.0 mL/min；检测波长为 285 nm。在该色谱条件下待测组分可达到基线分离。

标准曲线及线性关系考察：精确吸取对照品溶液注入液相色谱仪，按色谱条件测得峰面积，以峰面积为横坐标，进样浓度为纵坐标，以五次进样浓度，绘制标准曲线。

回归方程为如下。

$Y = 2.891e - 0.05x + 0$。

$R1 = 1.000\ 000\ 0$　$R2 = 1.000\ 000\ 0$ 呈良好的线性关系。

青霉素标样的保留时间为 4.038 min。

4.2.1.3　根皮苷标样中加入等体积青霉素测定

根皮苷标样中加入等体积青霉素检测结果见图 4-3。

==== Shimadzu LCsolution 分析报告 ====

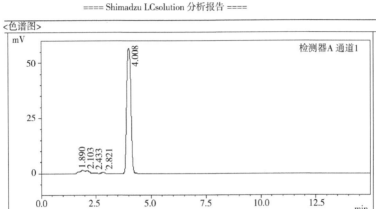

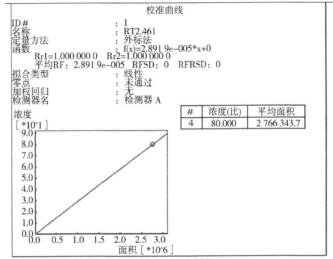

检测器A		定量结果			
ID#	名称	保留时间	面积	高度	浓度
1	RT2.970	2.433	2 632	184	0.015

图 4-3　根皮苷标样中加入等体积青霉素标样检测结果

由检测结果可知：色谱柱为 shim-pack vp-ods 150LX4.6C18；流动相为甲醇：水（30：70）；进样量为 20 μL；流速为 1.0 mL/min；检测波长为 285 nm。在该色谱条件下待测组分可达到基线分离。

标准曲线及线性关系考察：精确吸取对照品溶液注入液相色谱仪，按色谱条件测得峰面积，以峰面积为横坐标，进样浓度为纵坐标，以五次进样浓度，绘制标准曲线。

回归方程如下。

$Y=2.8919e-0.05x+0$。

$R1=1.0000000$　　$R2=1.0000000$ 呈良好的线性关系。

青霉素标样的保留时间为 4.038 min，在根皮苷的保留时间 2.433 上峰值面积明显减少，浓度变为 0.015，说明青霉素对根皮苷有抑制性。

4.2.1.4　原儿茶酸标样测定

原儿茶酸标样检测结果见图 4-4。

==== Shimadzu LCsolution 分析报告 ====

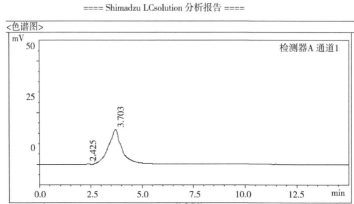

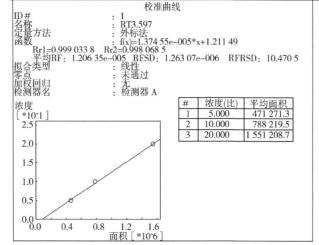

检测器A		定量结果			
ID#	名称	保留时间	面积	高度	浓度
1	RT3.597	3.703	788 219	16 887	9.623

图 4-4　原儿茶酸标样检测结果

由检测结果可知：色谱柱为 shim-pack vp-ods 150LX4.6C18；流动相为甲醇：水（30：70）；进样量为 20 μL；流速为 1.0 mL/min；检测波长为 285 nm。在该色谱条件下待测组分可达到基线分离。

标准曲线及线性关系考察：精确吸取对照品溶液注入液相色谱仪，按色谱条件测得峰面积，以峰面积为横坐标，进样浓度为纵坐标，以五次进样浓度，绘制标准曲线。

回归方程如下。

$Y = 1.374\ 55e{-}005x - 1.211\ 49$。

$R1 = 0.999\ 033\ 8$　　$R2{-}0.998\ 068\ 5$ 呈良好的线性关系。

原儿茶酸标样的保留时间为 3.703 min。

4.2.1.5　羟基苯甲酸标样测定

羟基苯甲酸标样检测结果见图 4-5。

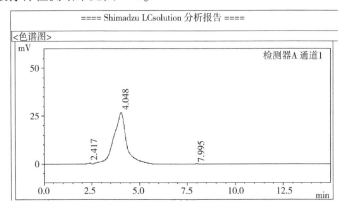

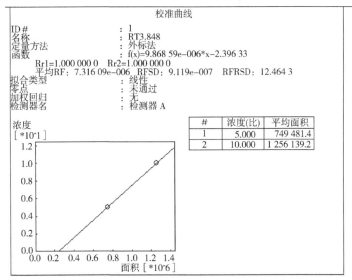

检测器A					
ID#	名称	保留时间	面积	高度	浓度
1	RT3.848	4.048	1 256 139	26 837	10.000

图 4-5　羟基苯甲酸标样检测结果

由检测结果可知：色谱柱为 shim-pack vp-ods 150LX4.6C18；流动相为甲醇∶水

（30∶70）；进样量为 20 μL；流速为 1.0 mL/min；检测波长为 285 nm。在该色谱条件下待测组分可达到基线分离。

标准曲线及线性关系考察：精确吸取对照品溶液注入液相色谱仪，按色谱条件测得峰面积，以峰面积为横坐标，进样浓度为纵坐标，以五次进样浓度，绘制标准曲线。

回归方程如下。

$Y = 9.868\ 59e\text{-}006x - 2.396\ 33$。

$R1 = 1.000\ 000\ 0$ $R2 = 1.000\ 000\ 0$ 呈良好的线性关系。

羟基苯甲酸标样的保留时为 4.048min。

4.2.1.6 原儿茶酸标样中加入青霉素测定

原儿茶酸标样中加入青霉素检测结果见图4-6。

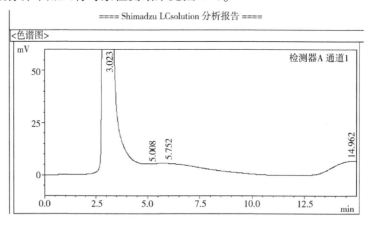

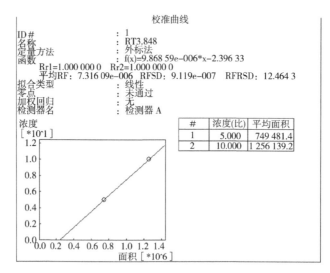

图4-6 原儿茶酸标样中加入青霉素检测结果

由检测结果可知：色谱柱为 shim-pack vp-ods 150LX4.6C18；流动相为甲醇：水（30∶70）；进样量为 20 μL；流速为 1.0 mL/min；检测波长为 285 nm。在该色谱条件下待测组分可达到基线分离。

标准曲线及线性关系考察：精确吸取对照品溶液注入液相色谱仪，按色谱条件测得峰面积，以峰面积为横坐标，进样浓度为纵坐标，以五次进样浓度，绘制标准曲线。

回归方程如下。

$Y = 9.868\,59e\text{-}006x - 2.396\,33$。

$R1 = 1.000\,000\,0$　　$R2 = 1.000\,000\,0$ 呈良好的线性关系。

在保留时间上无峰出现，面积、高度、浓度均为 0，说明青霉素对原儿茶酸有抑制性。

4.2.1.7　羟基苯甲酸标样中加入青霉素测定

羟基苯甲酸标样中加入青霉素检测结果见图 4-7。

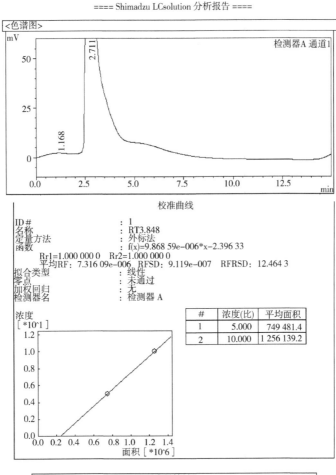

图 4-7　羟基苯甲酸标样中加入青霉素检测结果

由检测结果可知：色谱柱为 shim-pack vp-ods 150LX4.6C18；流动相为甲醇∶水（30∶70）；进样量为 20 μL；流速为 1.0 mL/min；检测波长为 285 nm。在该色谱条件下待测组分可达到基线分离。

标准曲线及线性关系考察：精确吸取对照品溶液注入液相色谱仪，按色谱条件测得峰面积，以峰面积为横坐标，进样浓度为纵坐标，以五次进样浓度，绘制标准曲线。

回归方程如下。

$Y=9.868\ 59e-006x-2.396\ 33$。

$R1=1.000\ 000\ 0$　$R2=1.000\ 000\ 0$ 呈良好的线性关系。

在保留时间上无峰出现，面积、高度、浓度均为 0，说明青霉素对羟基苯甲酸有抑制性。

4.2.1.8 腐烂病菌样品中原儿茶酸与羟基苯甲酸的测定

腐烂病菌中分解产物检测结果见图 4-8。

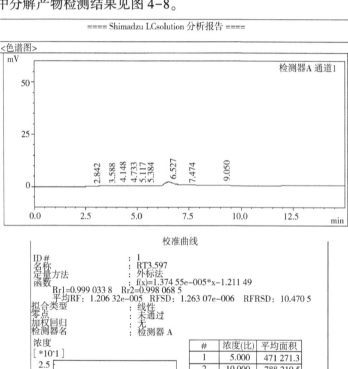

图 4-8 腐烂病菌中分解产物检测结果

由检测结果可知：色谱柱为 shim-pack vp-ods 150LX4.6C18；流动相为甲醇：水（30∶70）；进样量为 20 μL；流速为 1.0 mL/min；检测波长为 285 nm。在该色谱条件下待测组分可达到基线分离。

标准曲线及线性关系考察：精确吸取对照品溶液注入液相色谱仪，按色谱条件测得峰面积，以峰面积为横坐标，进样浓度为纵坐标，以五次进样浓度，绘制标准曲线。

回归方程如下。

$Y = 1.374\,55e-005x - 1.211\,49$。

$R1 = 0.999\,033\,8$　　$R2 = 0.998\,068\,5$ 呈良好的线性关系。

从结果中可知：样品含有根皮苷的分解产物，但目前还无法定量检测分解产物，两者的保留时间非常接近，不能分开，提取方法有待于进一步研究。

4.2.2　正式试验

4.2.2.1　根皮苷标样的分析报告

根皮苷标样检测结果见图 4-9。

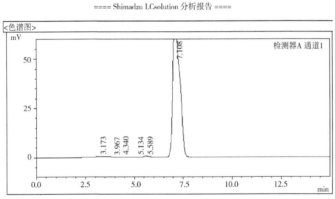

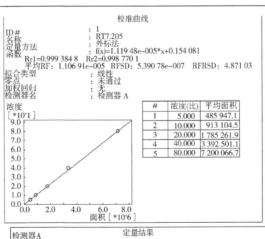

图 4-9　根皮苷标样检测结果

由检测结果可知：色谱柱为 shim-pack vp-ods 150LX4.6C18；流动相为甲醇：水（50：50）；进样量为 20 μL；流速为 0.7 mL/min；检测波长为 285 nm。在该色谱条件下待测组分可达到基线分离。

标准曲线及线性关系考察：精确吸取对照品溶液注入液相色谱仪，按色谱条件测得峰面积，以峰面积为横坐标，进样浓度为纵坐标，以五次进样浓度，绘制标准曲线。

回归方程如下。

$Y = 1.119\,48e-0.05x+0.154\,081$。

$R1 = 0.999\,384\,8$　　$R2 = 0.998\,777\,01$ 呈良好的线性关系。

根皮苷标样的保留时间为 7.108 min，浓度为 20.140 μg/mL。

4.2.2.2 青霉素标样的分析报告

青霉素标样检测结果见图 4-10。

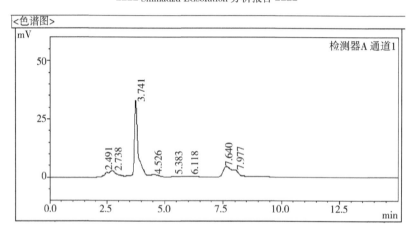

图 4-10　青霉素标样检测结果

由检测结果可知：色谱柱为 shim-pack vp-ods 150LX4.6C18；流动相为甲醇：水（50：50）；进样量为 20 μL；流速为 0.7 mL/min；检测波长为 285 nm。在该色谱条件下待测组分可达到基线分离。青霉素的标样的保留时间为 3.741 min，浓度为 20 μg/mL。

4.2.2.3 健壮树皮根皮苷的含量测定

健壮树皮的根皮苷往相同条件下多次进样，随机选取两次作为重复。检测结果见图 4-11、图 4-12。

由检测结果可知：根皮苷样品的保留时间为 7.008 min，浓度为 13.656，与标准样品的保留时间 7.108 差距很小，所以可以证明样品中确实存在根皮苷。

==== Shimadzu LCsolution 分析报告 ====

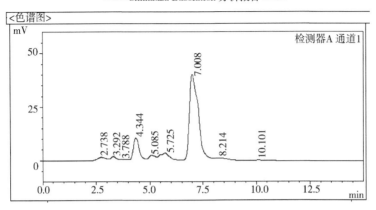

检测器A	定量结果				
ID #	名称	保留时间	面积	高度	浓度
1	RT7.205	7.008	1 206 077	40 102	13.656

图 4-11　健壮树皮根皮苷样品 1 检测结果

==== Shimadzu LCsolution 分析报告 ====

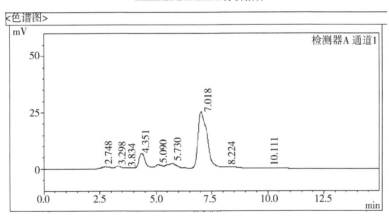

检测器A	定量结果				
ID #	名称	保留时间	面积	高度	浓度
1	RT7.205	7.018	746 689	25 164	8.513

图 4-12　健壮树皮中根皮苷样品 2 检测结果

由检测结果可知：根皮苷样品的保留时间为 7.018 min，浓度为 8.513，与标准样品的保留时间 7.108 差距不大，所以可以证明样品中确实存在根皮苷。

根皮苷的含量计算：（8.513+13.655 8）/2 μg/mL×4 mL×2 000/10 g）= 8.867 mg/g。

所以根据计算结果得出：每克健壮树皮中含有 8.867 mg 的根皮苷，占总含量的 8.87%。

4.2.2.4　染病树皮中根皮苷的含量测定

染病树皮的根皮苷在相同条件下多次进样，随机选取两次作为重复。检测结果见

图 4-13、图 4-14。

==== Shimadzu LCsolution 分析报告 ====

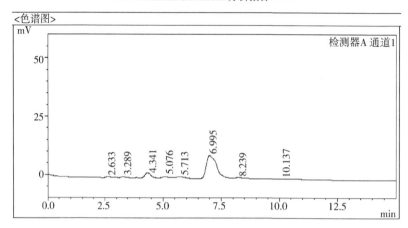

检测器A				
ID#	名称	保留时间	面积	高度	浓度

定量结果

检测器A		定量结果			
ID#	名称	保留时间	面积	高度	浓度
1	RT7.205	6.995	308 046	9 965	3.603

图 4-13　染病树皮根皮苷 1 检测结果

由检测结果可知：根皮苷样品的保留时间为 6.995 min，浓度为 3.603，与标准样品的保留时差距不大，所以可以证明样品中确实存在根皮苷。

==== Shimadzu LCsolution 分析报告 ====

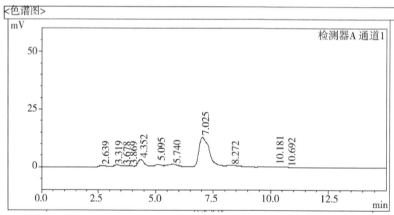

检测器A		定量结果			
ID#	名称	保留时间	面积	高度	浓度
1	RT7.205	7.025	422 724	12 978	4.886

图 4-14　染病树皮中根皮苷 2 检测结果

由检测结果可知：根皮苷样品的保留时间为 7.025 min，浓度为 4.886，与标准样品的保留时间差距不大，所以可以证明样品中确实存在根皮苷。

根皮苷的含量计算：（3.603+4.886）/2 μg/mL×4 mL×500/7 g=1.213 mg/g。

所以根据计算结果得出：每克染病树皮中含有 1.213 mg 的根皮苷，占总含量的 1.21%。

4.2.2.5　分离纯化的腐烂病菌中根皮苷的含量测定

腐烂病菌的根皮苷在相同条件下多次进样，随机选取两次作为重复。检测结果见图 4-15、图 4-16。

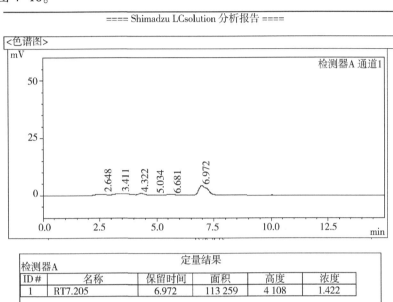

图 4-15　腐烂病菌根皮苷 1 的检测分析报告

由检测结果可知：根皮苷样品的保留时间为 6.972 min，浓度为 1.422，与标准样品的保留时间 7.108 差距不大，所以可以证明样品中确实存在根皮苷。

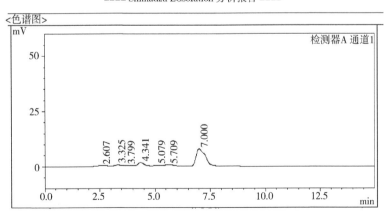

图 4-16　腐烂病菌中根皮苷检测结果

由检测结果可知：根皮苷样品的保留时间为 7.000 min，浓度为 2.647，与标准样品的保留时间 7.108 差距不大，所以可以证明样品中确实存在根皮苷。

根皮苷含量计算：（1.422+2.647）／2 μg／mL×1 mL×100／0.041 5 g＝4.902 mg／g。

总计：根皮苷的含量。

健壮树皮 8.87‰＞腐烂病菌 4.9‰＞染病树皮 1.21‰。

4.2.2.6　健壮树皮样品中加入青霉素样品后根皮苷的含量测定（图 4-17）

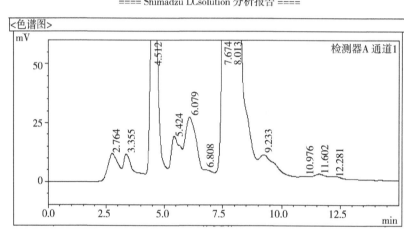

图 4-17　健壮树皮中加入青霉素

由检测结果可知：在根皮苷标准样品的保留时间 7.108 的区域内，没有检测到根皮苷的峰出现，保留时间、面积、高度、浓度均为 0，由此可知该样品中不含根皮苷，故青霉素对根皮苷有抑制作用。但是在 7.674 min 与 8.013 min 时出现了两个峰，说明有新的物质生成，但该物质是什么还需要进一步进行检测。

4.3　讨　论

本项研究通过对苹果树腐烂病病原菌内根皮苷及其分解产物的含量进行测定，从而研究青霉素对根皮苷活性的抑制作用，结果如下。

（1）由于原儿茶酸与羟基苯甲酸的保留时间非常接近，混合后，在 C_{18} 的色谱柱检测条件下，无法分离。现有的提纯方法对样品中两物质提纯效果并不理想，杂质无法提出，导致结果中峰杂乱无章，无法判断结果，需要进一步摸索。

（2）研究表明，除酶类在腐烂病菌的侵染过程中起重要作用外，植物毒素也具有不可或缺的意义。腐烂病菌在苹果枝煎汁培养基中，生成非特异性毒素，含有根皮苷的分解物。通过本次研究可以发现根皮苷在健壮树皮、染病树皮及腐烂病菌中确实均存在，健壮树皮中含量明显高于染病树皮，目前毒素具体是什么还有待于进一步验证。

（3）相关研究表明腐烂病菌只能存活于死细胞中，活细胞中不能存活。本次研究得出根皮苷与腐烂病有密切关系。健壮树皮也存在根度苷，不致病原因是健壮细胞中有制约腐烂病菌繁衍的物质存在，具体是什么物质需要继续验证。

（4）经研究发现苹果树的致病性是一个循环过程，腐烂病菌分解小部分根皮苷产生根皮酸，根皮酸再次被分解为致病毒素，之后毒素侵染，致使苹果树树枝腐烂，腐烂病菌迅速扩张。如此反复，最终使树体大面积得病，这也可以验证，苹果树腐烂病的弱侵染，一旦发病就迅猛的原因，但该过程只是推断，具体还需进一步研究。

（5）通过验证可知，青霉素的抑制作用主要是针对腐烂病菌周围环境中小剂量根皮苷，对整个树体根皮苷含量无明显影响，但此结果还需在田间验证。方法可同时选取两棵病株，一株在腐烂部位涂抹喷施青霉素；另外一株将青霉素施于根部或叶片表面，使树体吸收。检验效果，若涂抹腐烂病菌中有明显效果，另外一株无效果，则说明判断正确。

（6）青霉素的作用：①对根皮苷有明显的抑制作用，经检验已得到验证。②可以增强树势，已得结论。

青霉素对腐烂病作用效果，是属于两点共同作用，还是其一，需要进一步进行验证。

（7）在健壮树皮样品中加入青霉素标样，经过高效液相色谱法测定，在根皮苷标准样品的保留时间 7.108 的区域内，未检测到根皮苷峰出现，保留时间、面积、高度、浓度均为 0，由此可知该样品中已不含根皮苷，故青霉素对根皮苷有抑制作用。但在 7.674 min 与 8.013 min 时出现两个峰，说明有新物质生成，但该物质是什么还需要一步进行检测。

（8）高效液相色谱法作为一种高科技科研水平，很多地方需要摸索。在本次研究中，C_{18} 柱子的分离效果不好，今后应该使用 C_{30} 色谱柱，再次进行检测，以期发现更好的结果。

众所周知，青霉素防治果树腐烂病的研究只是初步阶段，所以本课题内容只属于探索性的研究，只探讨青霉素对根皮苷的影响指标，而苹果树腐烂病病原菌是否产生其他有害分泌物，青霉素对这些分泌物有无作用还有待研究。

4.4　结　论

本项研究主要对苹果树皮的根皮苷进行测定，并对加入青霉素后的影响进行了初步的研究。主要取得了以下结果。

(1) 通过高效液相色谱法，分别对苹果树健壮树皮、染病树皮、提纯的腐烂病菌样品进行分析测定，可知三种样品中均含根皮苷，但含量有明显差异。故可知根皮苷的含量与苹果树腐烂病的发病有密切联系。

(2) 通过高效液相色谱法，对苹果树腐烂病纯菌进行分析，发现该菌中含有少量根皮苷，联系苹果树腐烂病菌弱寄生性以及其他相关研究结果，可知苹果树腐烂病菌的生活繁殖与根皮苷存在一定关系，即苹果树腐烂病菌的侵染环境必须有根皮苷的存在。

(3) 青霉素对根皮苷有明显抑制作用，表现在标样保留时间内没有峰值出现，所以施小剂量的青霉素可以对腐烂病菌中的根皮苷进行抑制，从而降低腐烂病的扩张。

(4) 腐烂病菌是一种弱侵染性的病菌，在树势强的条件下，隐性隐藏的腐烂病菌未表现出致病性，如果树势减弱，在新鲜的死组织中就表现为迅速扩张，此时在染病部位涂抹青霉素，经检验证明有效控制腐烂病扩张。从而得出青霉素可以防治腐烂病，这是对青霉素治病性的又一验证说明。

第 5 章　防治树木腐烂病新药物效果的研究

5.1 材料与方法

5.1.1 试验材料

5.1.1.1 材 料

产黄青霉菌（编号为 3.0520 中园科学院微生物研究所），寡糖（浓度 $0.1\ g\cdot L^{-1}$ 中国科学院微生物研究所），农药 40%福美砷可湿性粉剂（山东南药厂）。10～13 年生的金红苹果树，10～12 年生的沈农 2 号苹果树，10 年生的七月仙苹果树，12～13 年生的黄太平苹果树，7～8 年生的李树，7～8 年生的杨树、柳树、槐树。

5.1.1.2 试验地点

包头果树研究所果园、乌兰察布市商都县十八顷镇二洼村果园、内蒙古农业大学林场、呼和浩特市满都海公园、大观园果园。

5.1.2 试验设计

5.1.2.1 1.2 万单位·L^{-1} 青霉素对于不同树种防御酶系的影响

IA、IB、IC、IIA、IIB、IIC、IIIA、IIIB、IIIC、IVA、IVB、IVC 分别代表无病的杨树、感病的杨树、涂抹 1.2 万单位·L^{-1} 青霉素的感病杨树；无病的柳树、感病的柳树、涂抹 1.2 万单位·L^{-1} 青霉素的感病柳树；无病的槐树、感病的槐树、涂抹 1.2 万单位·L^{-1} 青霉素的感病槐树；无病的李树、感病的李树、涂抹 1.2 万单位·L^{-1} 青霉素的感病李树。每种树的每种状况设 5 个重复，分别测定其 POD、PPO、CAT 的活性，每 7 d 测定一次，测定 6 次并记录结果。

5.1.2.2 不同处理对不同地区不同品种苹果树腐烂病的治愈情况

i、ii、iii，分别代表 1.2 万单位·L^{-1} 医用青霉素、新型生物制剂、农药 40%福美砷可湿性粉剂 400 倍液，IA、IB、IIA、IIB、IIC 分别代表包头果园的金红、沈农 2 号、商都果园的金红、七月仙、黄太平，每个处理每个地区每个树种设 40 个重复，观察并记录治愈情况，统计愈合率、愈合速率。

5.1.3 试验方法

5.1.3.1 培养基的制备

PA 培养液：将去皮后洗净的马铃薯（100 g）切成 $1\ cm^3$ 小块，加水 500 mL 煮沸 30 min，用纱布滤去马铃薯将滤液过滤到烧杯中，加水补足 500 mL，然后加寡糖 15 mL，后分装到已准备好的三角瓶中，封口。将三角瓶放置高压锅中灭菌（121℃，

25min）。

5.1.3.2　新型生物制剂的制备

用接种环刮取 PDA 培养基上的产黄青霉菌丝，接种于盛有 70 mLPA 培养基（其中糖源为浓度 0.1 g·L⁻¹ 的葡聚六糖）的 500 mL 的三角瓶中，150 r·min⁻¹，26℃振荡培养 1 周，经过纱布过滤，滤液 6 000 r·min⁻¹，离心 10 min，取上清液，上清液即为本研究所试用的新型生物制剂。

5.1.3.3　不同处理促进伤口愈合效果评价方法

不同药剂处理对苹果树腐烂病的作用效果以愈合率来评价计算，试验的每一处理伤口数为 30 个，伤口表面涂不同药剂处理。本试验于 2009 年 4 月 5 日和 4 月 25 日分别在包头果树研究所果园和乌兰察布市商都县十八顷镇二洼村果园进行，调查于当年秋季 2009 年 10 月 5 日和 10 月 15 日，观察并记录愈合率。

愈合率（%）= 已经产生愈伤组织的伤口数/伤口总数×100%。

伤口愈合速率（%）=（伤口总面积 - 伤口未愈合面积）/伤口总面积×100%。

5.1.3.4　过氧化物酶（POD）活性的测定

酶液提取：取树皮 0.2 g，放入预冷的研钵中，加 pH 值 5.0 的醋酸缓冲液和聚乙烯吡咯烷酮（PVP）研磨成匀浆，移入 10 mL 容量瓶中定容，于 6 000 r·min⁻¹ 离心 10 min，取上清液保存在冰箱中待测（Hammerschmidt, R., E. M. Nuckles, J. Kuc., 1982）。

酶活性的测定：在试管中分别加入 pH 值 5.0 的醋酸缓冲液 1 mL，0.1% 邻甲氧基苯酚（愈创木酚）1 mL 以及稀释 100 倍的酶液 1 mL 摇匀，以不加酶液的为对照，置于 30℃ 恒温水浴锅中保温 5 min 后立即用秒表开始计时，1 min 后生成棕红色的 4-邻甲氧基苯酚溶液，在 470 nm 波长处测定吸光度值，每 30 s 读一次，连续读 3 min（Hammerschmidt, R., E. M. Nuckles, J. Kuc., 1982）。

5.1.3.5　多酚氧化物酶（PPO）活性的测定

酶液提取：取树皮 0.2 g，放入预冷的研钵中，分别加入少许 pH 值 6.8 的磷酸缓冲液和 PVP，在冰浴中研磨成匀浆，移入 10 mL 容量瓶中定容，于 6 000 r·min⁻¹ 离心 10 min，取上清液保存在冰箱待测（Patra. K. H. D. Mishra., 1979）。

酶活性的测定：取待测酶液 0.2 g，加入 0.05 mol·L⁻¹ 邻苯三酚 1.5 mL 及 pH 值 6.8 磷酸缓冲液 1.5 mL，于 30℃ 温水浴中保温 2 min，以缓冲溶液代替酶液作对照，流水冷却至室温，在 525 nm 波长下测定吸光度值。

5.1.3.6　过氢化氢酶（CAT）活性的测定

酶液的提取：取树皮 0.2 g 加入 pH 值 7.8 磷酸缓冲液 20 mL 冰浴研磨成匀浆，于 10 000 r·min⁻¹（4℃）离心 20 min，取上清液为粗酶液。

酶活性的测定：0.2% H₂O₂ 1 mL 和 H₂O 1.9 mL 中，最后加入 0.1 mL 的酶液，启动反应，在 240 nm 波长下测定吸光度值（袁海娜，2005）。

5.1.3.7　B-1,3-葡聚糖酶活性的测定

酶液的提取　参照史益敏（1999）的方法，称取 0.2 g 金红树皮，剪碎后放入预冷的研钵中，加入少许的石英砂，加入 2.5 mL 0.05 mol·L^{-1} 的醋酸钠缓冲液（pH 值 5.0），在冰浴中研磨成匀浆，然后全部转移到离心管中，4℃ 下 15 000 rpm 离心 15 min，所得上清液即为粗酶液，置于冰箱中（-20℃），用于酶活性测定。

参照李如亮（1998）的方法。配制浓度分别为 0 mg·mL^{-1}、0.1 mg·mL^{-1}、0.2 mg·mL^{-1}、0.4 mg·mL^{-1}、0.6 mg·mL^{-1}、0.8 mg·mL^{-1} 葡萄糖溶液，然后取 6 只试管编号（设 3 次重复），按表 5-1 所示的试剂用量，精确加入各浓度的溶液和 DNS 溶液。

表 5-1　葡萄糖标准曲线

试管编号	1	2	3	4	5	6
葡萄糖浓度（mg·mL^{-1}）	0	0.1	0.2	0.4	0.6	0.8
葡萄糖溶液量（μL）	500	500	500	500	500	500
DNS（mL）	1	1	1	1	1	1
沸水浴（5 min）						
H$_2$O（mL）	2	2	2	2	2	2

分别读取 1~6 号管的吸光度值（A），以每个糖浓度的 A 值减去糖浓度为零时的 A 值的差值作为纵坐标，以葡萄糖毫克数为横坐标，绘制标准曲线（图 5-1）。

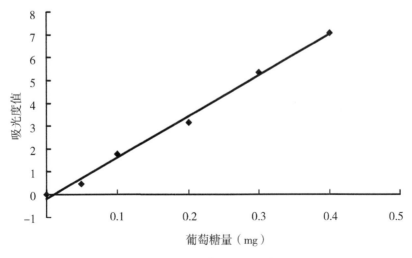

图 5-1　葡萄糖标准曲线

B-1,3-葡聚糖酶的活性测定：参照余永廷等的方法，在试管中加入 100 μL 1 mg·mL⁻¹的昆布多糖溶液和 100 μL 酶液，37℃水浴保温 30 min 后立即加入 1 mL DNS 溶液终止反应，混匀，置于沸水浴中显色 5 min，流水冷却至室温，于 540 nm 比色，测定吸光度值（A），以沸水浴 10 min 失活的酶液为标准对照，以吸光度差值（样品液 A 值减去标准对照 A 值）对照葡萄糖标准曲线查出产生的葡萄糖量，根据酶活力定义计算酶活力单位。

一个酶活力单位（μ）定义为，37℃，每克鲜组织每分钟催化昆布多糖（laminarin）产生 1 μg 葡萄糖的酶量。

5.1.3.8 几丁质酶的活性测定

N-乙酰氨基葡萄糖标准曲线的制作：配制 N-乙酰氨基葡萄糖（NAG）的 1 mg·mL⁻¹的标准溶液（表 5-2），取 7 支试管，按表 5-2 加入试剂，将各管混匀，在沸水中准确煮 5 min，取出后立即用冷水冷却至室温，再向每个试管中加入 21.5 mL 蒸馏水，摇匀。470 nm 下测定吸光度值（A），制作标准曲线（图 5-2）。

表 5-2　建立 NAG 标准曲线

试管编号	ck	1	2	3	4	5	6	7
NAG 标准液（mL）	0	0.1	0.2	0.3	0.4	0.5	0.6	0.7
相当于 NAG 量（mg）	0	0.1	0.2	0.3	0.4	0.5	0.6	0.7
蒸馏水（mL）	2.0	1.9	1.8	1.7	1.6	1.5	1.4	1.3
DNS 试剂（mL）	1.5	1.5	1.5	1.5	1.5	1.5	1.5	1.5

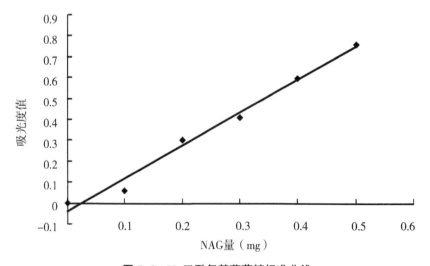

图 5-2　N-乙酰氨基葡萄糖标准曲线

几丁质酶的活性测定：参照 Boller（1983）的方法。称取 0.2 g 材料，加 5 mL 0.1 mol·L⁻¹的乙酸缓冲溶液（pH 值 0.5），冰浴研磨。将匀浆倒入离心管，10 000

r·min⁻¹，离心 20 min，上清液置于冰箱备用。取 0.4 mL 酶液，加入 40 μL 1%蜗牛酶，37℃水浴反应 30 min，加入 0.2 mL 饱和硼砂，放入沸水浴中 7 min，冷却后加入 2 mL 冰醋酸和 1 mL 1%对二甲氨基苯甲醛（DMAB），37℃保存 15 min，470 nm 下测定其光密度。分别测定无病的金红果树的树皮，感病的金红果树的树皮，和涂抹青霉素的金红果树的树皮内的酶活性，每 5 d 测定一次，每次每个样品设 3 个重复。

一个酶活性单位（μ）定义为每克材料在上述条件下产生 1 μmol N-乙酰氨基葡萄糖所需的酶量。

5.1.3.9　数据分析方法

采用 STST 辅助统计软件。

5.2　结果分析

5.2.1　1.2 万单位·L⁻¹青霉素对不同树种防御酶系活性影响的测定结果

由表 5-3 至表 5-5、图 5-3 至图 5-14 方差分析的结果可知：涂抹 1.2 万单位·L⁻¹青霉素的处理的酶活性与其他两种处理的酶活性之间存在极显著差异，故青霉素可以显著提高感病的杨树、柳树、槐树、李树的 POD、PPO、CAT 的活性，即青霉素可以显著提高这些树种的防御酶系的活性，从而使树体的愈伤性能大大提高。

表 5-3　青霉素对不同树种 POD 活性的影响

树种		时间						$F<0.05$	$F<0.01$
		0 d	7 d	14 d	21 d	28 d	35 d		
杨树	I_A	10.54	11.98	12.25	12.87	13.00	13.02	c	C
	I_B	12.35	12.65	13.75	15.01	15.00	14.89	b	B
	I_C	12.89	15.40	26.83	43.3	51.55	49.81	a	A
柳树	II_A	9.70	10.21	11.46	12.43	12.88	13.20	c	C
	II_B	12.09	12.34	13.30	14.52	13.98	14.35	b	B
	II_C	12.51	14.46	25.46	41.96	50.66	48.56	a	A
槐树	III_A	47.21	47.96	49.10	50.21	51.92	51.83	c	C
	III_B	64.71	65.65	66.30	67.96	69.04	69.00	b	B
	III_C	64.46	66.46	78.60	94.9	102.9	99.05	a	A
李树	IV_A	0.85	1.78	2.25	2.86	3.24	3.07	c	C
	IV_B	3.01	3.87	4.58	5.06	5.71	5.38	b	B
	IV_C	2.94	4.96	13.92	30.08	38.16	37.15	a	A

表 5-4 青霉素对不同树种 PPO 活性的影响

树种		时间						$F < 0.05$	$F < 0.01$
		0 d	7 d	14 d	21 d	28 d	35 d		
杨树	I$_A$	0.61	0.65	0.73	0.80	0.87	0.84	c	C
	I$_B$	0.82	0.83	0.82	0.83	0.83	0.82	b	B
	I$_C$	0.83	1.08	1.53	2.41	3.20	3.17	a	A
柳树	II$_A$	0.57	0.61	0.68	0.75	0.81	0.80	c	C
	II$_B$	0.80	0.82	0.82	0.82	0.84	0.82	b	B
	II$_C$	0.83	1.00	1.42	2.30	3.15	3.08	a	A
槐树	III$_A$	0.69	0.73	0.79	0.84	0.90	0.89	c	C
	III$_B$	0.92	0.95	0.96	0.96	0.94	0.95	b	B
	III$_C$	0.90	1.16	1.71	2.60	3.55	3.29	a	A
李树	IV$_A$	0.32	0.35	0.33	0.33	0.34	0.35	c	C
	IV$_B$	0.59	0.63	0.68	0.77	0.79	0.77	b	B
	IV$_C$	0.61	0.87	1.29	2.11	3.00	2.78	a	A

表 5-5 青霉素对不同树种 CAT 活性的影响

树种		时间						$F < 0.05$	$F < 0.01$
		0 d	7 d	14 d	21 d	28 d	35 d		
杨树	I$_A$	110.02	124.77	143.25	170.22	200.19	188.54	c	C
	I$_B$	197.24	200.33	207.61	211.42	219.37	217.50	b	B
	I$_C$	198.63	255.74	269.95	384.26	474.50	471.01	a	A
柳树	II$_A$	62.62	74.17	89.99	109.10	115.37	111.11	c	C
	II$_B$	107.70	109.99	112.30	108.75	107.77	102.10	b	B
	II$_C$	109.40	163.96	252.87	363.65	457.88	449.26	a	A
槐树	III$_A$	410.06	444.04	482.57	531.20	561.78	548.48	c	C
	III$_B$	560.23	548.24	557.31	559.29	563.25	561.08	b	B
	III$_C$	555.45	615.96	720.35	835.71	928.66	919.51	a	A
李树	IV$_A$	21.37	26.55	32.28	39.60	42.59	41.08	c	C
	IV$_B$	38.57	39.26	39.81	38.55	39.00	39.56	b	B
	IV$_C$	39.60	65.48	136.97	227.00	338.05	327.55	a	A

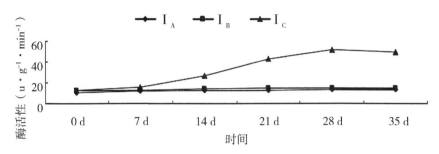

图 5-3　青霉素对杨树 POD 活性的影响

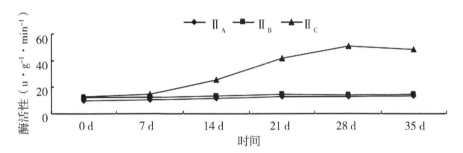

图 5-4　青霉素对柳树 POD 活性的影响

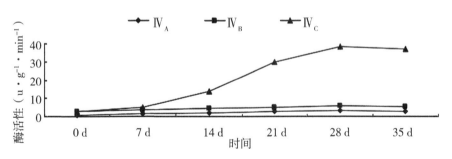

图 5-5　青霉素对槐树 POD 活性的影响

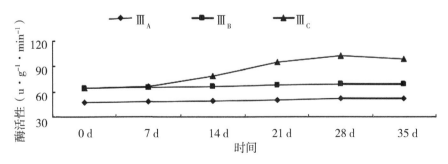

图 5-6　青霉素对李树 POD 活性的影响

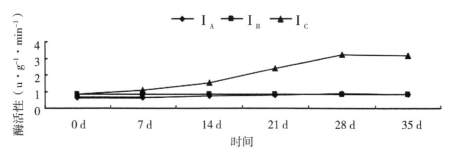

图 5-7　青霉素对杨树 PPO 活性的影响

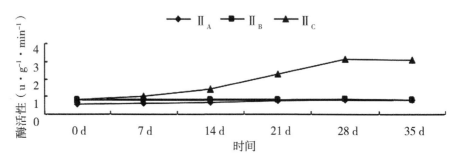

图 5-8　青霉素对柳树 PPO 活性的影响

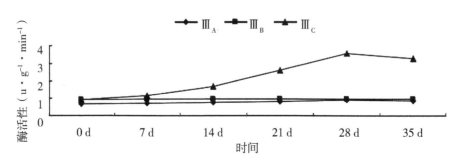

图 5-9　青霉素对槐树 PPO 活性的影响

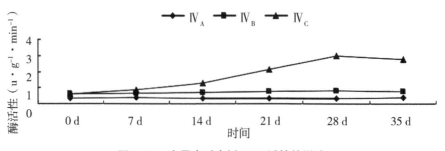

图 5-10　青霉素对李树 PPO 活性的影响

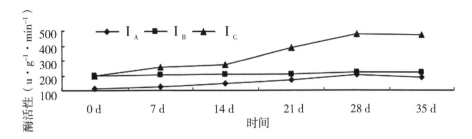

图 5-11　青霉素对杨树 CAT 活性的影响

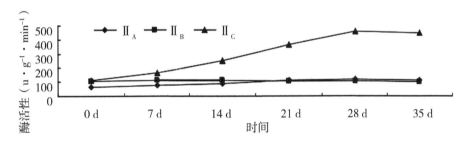

图 5-12　青霉素对柳树 CAT 活性的影响

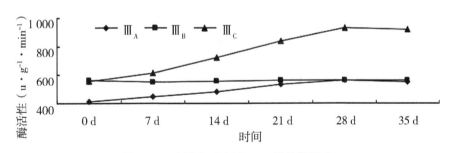

图 5-13　青霉素对李树 CAT 活性的影响

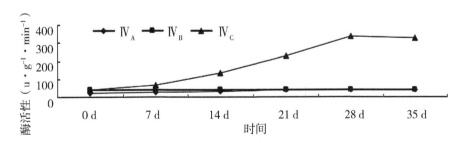

图 5-14　青霉素对李树 CAT 活性的影响

5.2.2 1.2万单位·L⁻¹青霉素对苹果树β-1,3-葡聚糖酶活性影响的测定结果

由表5-6、图5-15结果经方差分析可知：涂抹1.2万单位·L⁻¹青霉素的处理的酶活性变化显著高于其他两种处理，即青霉素可以显著提高感病苹果树的B-1,3-葡聚糖酶的活性，故青霉素可以显著提高苹果树的抗病性，而且当树体感病后树体的B-1,3-葡聚糖酶的活性便会增加，证明该酶的活性与植物的抗病性呈正相关。

表5-6 青霉素对苹果树β-1,3-葡聚糖酶活性的影响

项目	0 d	7 d	14 d	21 d	28 d	35 d	$F<0.05$	$F<0.01$
无病苹果树	0.778	0.887	0.891	0.873	0.886	0.836	b	B
感病苹果树	6.193	6.214	6.208	6.274	6.225	6.199	b	B
涂药苹果树	6.205	12.375	22.513	33.885	38.214	35.709	a	A

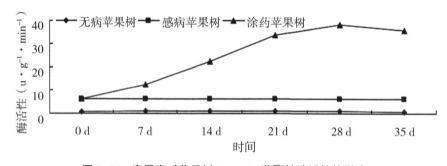

图5-15 青霉素对苹果树β-1，3-葡聚糖酶活性的影响

5.2.3 1.2万单位·L⁻¹青霉素对苹果树几丁质酶活性影响的测定结果

由表5-7、图5-16结果经方差分析可知：涂抹1.2万单位·L⁻¹青霉素的处理的酶活性变化显著高于其他两种处理，即青霉素可以显著提高感病苹果树的几丁质酶的活性，故青霉素可以显著提高苹果树的抗病性，而且当树体感病后树体的几丁质酶的活性显著高于无病树体，证明该酶的活性与植物的抗病性呈正相关。

表5-7 青霉素对苹果树几丁质酶活性的影响

项目	0 d	7 d	14 d	21 d	28 d	35 d	$F<0.05$	$F<0.01$
无病苹果树	1.775	1.768	1.772	1.771	1.763	1.774	c	C
感病苹果树	1.993	1.981	1.996	1.982	1.990	1.988	b	B

（续表）

项目	0 d	7 d	14 d	21 d	28 d	35 d	$F < 0.05$	$F < 0.01$
涂药苹果树	1.987	2.058	2.147	2.294	2.396	2.358	a	A

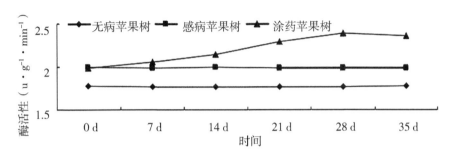

图 5-16　青霉素对苹果树几丁质酶活性的影响

5.2.4　不同处理对不同品种苹果树的腐烂病的影响

由表 5-8 经方差分析可知：1.2 万单位·L^{-1}医用青霉素、新型生物制剂与 40%福美砷 400 倍液在平均愈合率和平均愈合速率方面存在极显著差异，即 1.2 万单位·L^{-1}医用青霉素、新型生物制剂在包头地区对于苹果树腐烂病均有良好的治愈效果，均优于福美砷；而且 1.2 万单位·L^{-1}医用青霉素与新型生物制剂在 0.05 水平上也存在差异，所以在包头地区新型生物制剂对于苹果树腐烂病的防治效果是最好的，沈农 2 号的平均愈合率可达 100%，平均愈合率可高达 20%。

表 5-8　不同处理对包头果树研究所果园中不同品种苹果树的效果

项目	平均愈合率		$F < 0.05$	$F < 0.01$	平均愈合速率		$F < 0.05$	$F < 0.01$
	I_a	I_b			I_a	I_b		
I	92.5%	90%	b	A	17.65%	18.7%	b	A
II	95%	100%	a	A	19.12%	20%	a	A
III	50%	55%	c	B	2.13%	1.65%	c	B

由表 5-9 经方差分析可知：1.2 万单位医用青霉素、新型生物制剂与 40%福美砷 400 倍液在平均愈合率和平均愈合速率方面存在极显著差异，即 1.2 万单位·L^{-1}医用青霉素、新型生物制剂在乌盟地区对于苹果树腐烂病均有良好的治愈效果，均优于福美砷；而且 1.2 万单位·L^{-1}医用青霉素与新型生物制剂在 0.01 水平上也存在差异，所以在包头地区新型生物制剂对于苹果树腐烂病的防治效果是最好的；而且黄太平在任何一种药剂处理后，平均愈合率和平均愈合速率都是最高的，特别是在新型生物制剂的作用

下，平均愈合速率可达 29.81%。

表 5-9　不同处理对二洼村果园中不同品种苹果树的影响效果

项目	平均愈合率			$F<$ 0.05	$F<$ 0.01	平均愈合速率			$F<$ 0.05	$F<$ 0.01
	II_a	II_b	II_c			II_a	III_b	II_c		
I.	85%	87.5%	100%	b	B	15.28%	16.13%	18.25%	b	B
II	92.5%	95%	100%	a	A	17.43%	19.53%	29.81%	a	A
III	40%	47.5%	55%	c	C	1.68%	2.41%	3.25%	c	C

5.3　讨　论

本项研究对医用 1.2 万单位·L^{-1} 青霉素在田间对感病树体防御性酶系活性的影响及抗病酶系的 β-1,3-葡聚糖酶和几丁质酶活性的影响，1.2 万单位·L^{-1} 青霉素、新型生物制剂及福美砷对于不同地区不同品种的苹果树的治愈状况，青霉素在果实中的残留检测进行了相关的研究，讨论如下。

5.3.1　1.2 万单位·L^{-1} 青霉素对于不同树种防御酶系的活性的影响

寄主防御酶系是指寄主受到病原菌侵染或被诱导处理后产生的一些诱导型抗病因素或直接作用于病原物的酶，主要包括苯丙氨酸解氨酶（PAL），过氧化物酶（POD）和多酚氧化物酶（PPO）等。许多研究表明：植物抗病品种或诱导产生抗性的植物体内 PAL、POD, PPO 活性增强，从而提高了植物的抗性。通过本试验，任何树种感病后的防御酶系的酶活性均高于正常树体，这一结果符合上面的结论。

经过本试验的研究，1.2 万单位·L^{-1} 青霉素涂抹于刮皮后的树体后，可以显著提高不同树体的防御酶系的酶活性，使得酶活性显著高于感病树体，进而增强了树体的愈合速率，提高了树体的御病能力，为青霉素可以治愈树木腐烂病提供了理论依据，同时也打破了传统的对于青霉素只能用于细菌病害方面的研究的禁锢，开辟了青霉素在真菌病害防治方面的新思路。

本研究虽然证实了青霉素可以有效提高不同树种防御酶系的活性，但是由于不同地区的环境状况不同，所以对于不同地区是否都可以得到良好的防治效果，还需要进一步的研究，但笔者认为，环境因子的作用应小于树体自身的抗性，所以在不同的地区也应取得相近的防治效果。

5.3.2　1.2 万单位·L^{-1} 青霉素对苹果树的 β-1,3-葡聚糖酶和几丁质酶活性的影响

β-1,3-葡聚糖酶是一种重要的 PR 蛋白，能够降解 β-1,3-葡聚糖（大多数病原真

菌细胞壁的主要成分之一），从而使细胞内含物外溢，导致病原菌死亡。高等植物中普遍存在着 β-1,3-葡聚糖酶，在正常的环境条件下酶含量较少，活性很低，几丁质酶是一种糖苷酶能催化几丁质的水解，在高等植物中主要分布于植物的茎、叶、种子及愈伤组织中。几丁质酶在植物中的存在通常与植物对真菌的抗性有关（Boller 等，1983）。

本试验通过研究得知，正常苹果树树体中 β-1,3-葡聚糖酶的活性很低，而感病树体的酶活性较高，这一结果符合以前相关的研究结果，几丁质酶也符合这一规律，这都证明了这两种酶确实与植物的抗病性有高度相关性，而且通过实验得知，正常的苹果树也有一定的几丁质酶活性，证明只要有有害真菌存在于树体，就会激活该酶。无论是 β-1,3-葡聚糖酶还是几丁质酶的活性都会在树体涂抹 1.2 万单位·L^{-1}青霉素后显著增强，即青霉素可以显著提高苹果树抗腐烂病的能力，为青霉素可以有效防治树木腐烂病提供了理论依据。

但是本研究只是从指标上证明青霉素可以提高树体抗病性，对于抗病机理方面并不能做出合理的解释。

5.3.3　不同处理对不同地区不同品种的苹果树的药效测定

不同品种的苹果树之间，抗病性不同。地域不同，同一品种间也存在差异。经过本试验测定：1.2 万单位·L^{-1}医用青霉素、新型生物制剂在包头和乌兰察布市的试验果园内，均可提高各品种苹果树的愈伤率和愈伤速率，且效果均明显优于福美砷，其中二洼果园中黄太平涂抹新型生物制剂后治愈率高达 100%，平均愈合速率为 29.81%。通过本试验可知，新型生物制剂是防治苹果树腐烂病的有效生物农药，而且可以在内蒙古中西部地区推广。

由于试验时间仓促，本试验未能确定新型生物制剂中青霉菌与寡糖的最佳配比，以及该生物农药的最佳施用时间，所以我们可以通过不同配比梯度的设计与研究，对于最适宜增强树体抗病性及愈合率的配比浓度及施用时间进行进一步研究。

5.4　结　论

本项研究对医用青霉素在田间对感病树体防御性酶系活性的影响及抗病酶 β-1,3-葡聚糖酶和几丁质酶活性的影响，以及青霉素、新型生物制剂及福美砷对于不同地区不同品种的苹果树的治愈状况的研究，得到以下结论。

（1）通过对涂抹 1.2 万单位·L^{-1}青霉素的各类感病树种的防御酶系的 PPO、POD、CAT 活性的测定，表明这些酶的活性均有不同程度的提高，证明青霉素可以显著提高各类树种的抗性，有效提高各类树体抵抗病原菌侵入的能力，对于酶活力的影响在 21 d 左右开始减缓，而且各类酶的活性在 28d 时达到最大。

（2）通过对苹果树的抗病酶 β-1,3-葡聚糖酶和几丁质酶活性的测定结果表明：1.2 万单位·L^{-1}青霉素可以有效提高苹果树的 β-1,3-葡聚糖酶和几丁质酶活性，进而增强苹果树的抗病性，特别是抗真菌病害的能力。

（3）通过对不同处理不同地区不同品种的苹果树的治愈率和愈合速率的统计结果表明，1.2 万单位·L^{-1}青霉素和新型生物制剂对于苹果树腐烂病的防治效果均优于福美砷，其中新型生物制剂的防治效果最好。而且该生物农药对于不同地区的不同品种均有良好的疗效，且在商都地区该药剂的防治效果显著好于青霉素。

第 6 章　青霉菌和壳寡糖对苹果树腐烂病防治的研究

6.1 试验设计与方法

6.1.1 试验材料

6.1.1.1 材　料

金红苹果树，供试病原菌（病组织采集地：包头市东河区果树研究所果园），壳寡糖，青霉菌（由中科院微生物研究所提供的产黄青霉菌）。苹果树腐烂病的分级标准见表 6-1。

表 6-1　苹果树腐烂病的分级标准

级别	代表值	分级标准
0	0	树体健康，枝干没有病斑
Ⅰ	1	对树势几乎没有明显的影响，有小病斑（数量一般不超过 5 个）或者 1～2 较大病斑（15 cm 及以内），枝干无缺损
Ⅱ	2	对树势有一定的影响，有多块病斑或者在较粗的枝干上有 3～4 个较大病斑（15 cm 及以上），枝干有少量缺损，基本齐全
Ⅲ	3	树势和产量已经受到了明显的影响，树体病斑很多或者较粗枝干上有几个大病斑（20 cm 及以上），已锯除 1～2 个主树体或中心干
Ⅳ	4	即将枯死，树势极度衰弱，树体上布满病斑或者较粗枝干上有大病斑（20 cm 及以上）并且数量很多，枝干残缺不全

6.1.1.2　试验地基本情况

试验地分为果树研究所实验果园、内蒙古农业大学职业技术学院实验果园和乌兰察布市商都县十八顷镇二洼村果园。其中包头市东河区果园所果树为 10～15 年生金红苹果，腐烂病级别为Ⅱ级、Ⅲ级和Ⅳ级，以Ⅱ级和Ⅲ级为主。农大果园为 5～8 年生金红苹果，腐烂病级别为 0 级、Ⅰ级和Ⅱ级，以 0 级和Ⅰ级为主。乌兰察布市二洼村果园为 10～15 年生金红苹果，腐烂病级别为Ⅱ级、Ⅲ级和Ⅳ级，以Ⅱ级和Ⅲ级为主。

试验地主要分为包头市和乌兰察布市两个地区，包头市位于内蒙古自治区中西部地区，地理坐标介于 $40°15'$～$42°44'$N，$109°16'$～$111°26'$E，乌兰察布市位于内蒙古自治区中部地区，地理坐标介于 $39°37'$～$43°28'$N，$109°16'$～$114°49'$E，两地年平均气温相差 5～10℃，包头地区的物候期较提前。

6.1.2　试验方法

6.1.2.1　培养基的配制与培养条件

- PDA 培养基的配制、分装和灭菌

本试验主要用到的材料为马铃薯（白皮），秤取 200 g，先洗净，然后去皮切碎，并加入 1 000 mL 自来水煮沸，将马铃薯煮成黏稠状即可，时间大约为半小时，然后将煮好的粥状物用纱布过滤到烧杯中，再加入自来水，补足到先前的 1 000 mL 为止。然后趁热加入葡萄糖 15 g、琼脂粉 17 g 及聚乙烯吡咯烷酮（PVP）50 g，用玻璃棒不断搅拌，若有杂质还需要进一步过滤，最后将溶液倒入三角瓶中（倒入三角瓶的 2/3 即可），用封口膜封口。将三角瓶放入高压灭菌锅中灭菌（121℃，25 min）。

- PA 培养液的配制、分装和灭菌

本试验主要用到的材料为马铃薯（白皮），秤取 200 g，先洗净，然后去皮切碎，并加入 1 000 mL 自来水煮沸，将马铃薯煮成黏稠状即可，时间大约为半小时，然后将煮好的粥状物用纱布过滤到烧杯中，再加入自来水，补足到先前的 1 000 mL 为止。然后趁热加入琼脂粉 17 g 和需要浓度的壳寡糖，用玻璃棒不断搅拌，若有杂质还需要进一步过滤，最后将溶液倒入三角瓶中（倒入三角瓶的 2/3 即可），用封口膜封口。将三角瓶放入高压灭菌锅中灭菌（121℃，25 min）。

- 含各种浓度壳寡糖培养基的制备

称取 20 g 壳寡糖溶于 100 mL 蒸馏水中，制成 20.0% 的溶液。用二倍稀释法将此溶液连续稀释，分别制成 10.0% 和 5.0% 的壳寡糖溶液。再将母液配成所需要的各种浓度。然后倒入融好的 55℃ 的 PDA 培养液或者 PA 培养液中，分别制成所需要浓度的带药培养基。

6.1.2.2 苹果树腐烂病菌的培养

将从田间刮取回来的病组织剪成 1 cm³ 的小块待用，滴 25% 乳酸 1～2 滴到灭菌后的培养皿中，然后倒入制备好的 PDA 培养液，放置一边待其冷却。将小块病组织用镊子放到 70% 酒精中浸 3s，取出后放到 0.1% 升汞液中消毒，之后用蒸馏水清洗 3～5 遍，放入凝固成型的培养基中，再把培养基放入 28℃ 的培养箱培养。3～5 d 后取出培养基进行继代培养，直到无杂菌为止。

6.1.2.3 分生孢子器及分生孢子的观察

将腐烂病菌接种到普通 PA 培养基上，然后放到不同温度下的恒温摇床中培养，每个温度下做三个重复。培养 40 d 后，在显微镜下用血球计数板上观察并测量分生孢子器及分生孢子的形态及数量。并且记录分生孢子最早萌发的时间。

含不同浓度壳寡糖的 PA 培养基中，接种产黄青霉菌，然后放到 25℃ 恒温摇床中培养 12 h。在显微镜下用血球计数板统计分生孢子总数和萌发数量。计算其萌发率。

6.1.2.4 青霉菌菌丝生长抑制实验

将培养了一周的青霉菌用打孔器打孔，并将其接种到在含有各个浓度壳寡糖的 PDA 培养基中，接种到普通（糖源为葡萄糖）培养基的为对照，然后放入恒温培养箱中培养 3 d。然后运用十字交叉法测量菌落的直径。本实验整个过程重复两遍，每个处理设置了三个重复。统计数据并计算其抑菌率。

计算公式：抑制率（%）= $\dfrac{\text{对照菌落直径－处理菌落直径}}{\text{对照菌落直径－菌饼直径}} \times 100$。

6.1.2.5　几种酶液提取与活性测定方法

- 果胶酶活性的测定

本实验采用滴定法测定果胶酶的活性，在酶液与果胶的反应液中加入 1 mol·L^{-1} 的碳酸钠溶液（NaCO$_3$），再加入 0.1 mol·L^{-1} 的碘化钾溶液（KI），摇匀后静置 20 min。然后加入 2 mol·L^{-1} 的硫酸溶液（H$_2$SO$_4$）2 mL，用 0.05 mol·L^{-1} 的硫代硫酸钠溶液（Na$_2$S$_2$O$_3$）滴定至棕黄色，加入 1% 的淀粉溶液三滴，再用硫代硫酸钠滴定至蓝色消失为止。

计算公式：果胶酶活性 = $\dfrac{(\text{对照消耗 Na}_2\text{S}_2\text{O}_3\text{－样品消耗 Na}_2\text{S}_2\text{O}_3) \times 1 \times 510 \times \text{分解果胶时反应液}}{\text{酶液} \times \text{酶反应时间} \times \text{滴定所取反应液}}$。

公式中除了酶反应时间为 min，其余均以 mL 为单位。

酶活性单位为：u·g^{-1}·min^{-1}

- 防御酶系活性测定

酶液提取参照李合生（2000）的方法，在此基础上稍加改动。将试验所选苹果树树皮秤取 0.2 g，冰浴研磨，加 4 mL 的磷酸缓冲溶液（0.1 mol·L^{-1}，pH 值 = 7.8），研磨均匀后离心机（10 000 r·min^{-1}，4℃）离心 20 min，将上清液放到冰箱中待用。

参照方法：①过氧化物酶（POD）：李合生（2000）主编的《植物生理生化实验原理和技术》；②多酚氧化酶（PPO）：郝再彬（2004）等主编的《植物生理实验》；③苯丙氨酸解氨酶（PAL）：薛应龙（1985）的测定方法；④过氧化氢酶（CAT）：袁海娜（2005）的测定方法。

6.1.2.6　田间所用青霉菌和壳寡糖的制备

将实验室原有产黄青霉菌菌种在超净工作台中，接种到含不同浓度壳寡糖的 PA 培养基中，在恒温摇床中培养 7 d 后取出。用注射器取其上清液用于田间涂抹。

6.1.2.7　田间苹果树腐烂病的病斑扩展变化观察

在果园中选择发病情况一样（即病级相同）、树龄相同、生长势一致的金红苹果作为研究对象，本试验主要选择病级为Ⅱ级和Ⅲ级的树，每个月到果园中测量病斑直径扩展量，以 mm 为单位。对于发病活跃期，增加测量次数，实地观察病斑的扩展情况，然后及时做记录，本试验共选取 20 个重复，然后取其平均值。

6.1.2.8　田间药效试验调查

计算公式如下。

病斑平均愈合宽度（mm）= $\dfrac{\sum [\text{每块病斑平均愈合宽度（mm）}]}{\text{测量病斑总块数}}$。

促进病斑平均愈合效果 = $\dfrac{\text{药剂处理病斑平均愈合宽度－对照病斑平均愈合宽度}}{\text{对照病斑平均愈合宽度}}$。

病斑复发率（%）= $\dfrac{\text{复发病斑块数}}{\text{调查病斑总块数}} \times 100$。

$$防治效果（\%）=\frac{对照病斑复发率-药剂处理复发率}{对照病斑复发率}\times100。$$

6.1.3　田间试验处理设计

A：0.1%壳寡糖+青霉菌，B：0.01%壳寡糖+青霉菌，C：0.001%壳寡糖+青霉菌，D：0.1%壳寡糖+青霉菌处理后表明添加人造树皮，E：0.01%壳寡糖+青霉菌处理后表明添加人造树皮，F：0.001%壳寡糖+青霉菌处理后表明添加人造树皮，CK：清水对照。

6.2　结果与分析

6.2.1　苹果树腐烂病防治最佳时间选择

6.2.1.1　温度对苹果树腐烂病菌分生孢子的影响

- 温度对苹果树腐烂病分生孢子器密度的影响

在一年中，不同时间段对应着不同的温度，各个时间段都有着其特有的物候期。本试验通过研究不同温度对应着苹果树腐烂病菌的不同分生孢子器密度，根据最佳生长温度来确定最佳防治时间。如图6-1所示为温度对苹果树腐烂病菌分生孢子器密度的影响，分生孢子器越多产生的分生孢子就会越多，侵染程度就越严重。当温度达到25℃时，病菌分生孢子的密度最大，为10个/cm²。当温度低于25℃时，随着温度的升高，病菌分生孢子器的密度逐渐增大；当温度高于25℃时，分生孢子器的密度略降低。

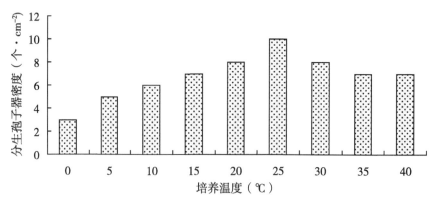

图6-1　不同温度下苹果树腐烂病病菌分生孢子器密度的变化

- 温度对苹果树腐烂病分生孢子萌发的影响

休眠期过后腐烂病开始大肆发生，分生孢子成为主要的侵染源，当分生孢子萌发后产生致病性，温度与分生孢子的萌发有着密切的关系。如图6-2所示为温度对苹果树腐烂病菌分生孢子萌发的影响，不同温度分生孢子开始萌发的时间不同，当温度达到25℃

时，病菌分生孢子开始萌发的时间最短，为 10 h。当温度低于 25℃时，随着温度的升高，病菌分生孢子开始萌发的时间逐渐变短；当温度高于 25℃时，病菌分生孢子开始萌发的时间又趋向于变长。

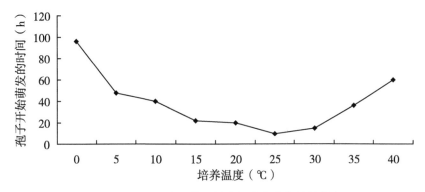

图 6-2　不同温度下苹果树腐烂病分生孢子的萌发

6.2.1.2　不同地区病斑扩展的周年变化情况

● 包头地区苹果树腐烂病病斑扩展的周年变化情况

在包头果园所，将一年中各个月份所选果树的平均病斑扩展的数值记录下来，根据时间的对应关系，再和时间关系绘制成图（图 6-3）。以毫米（mm）为单位，横坐标为月份，纵坐标为 2011 年 1 月到 2011 年 12 月在包头果园所统计的病斑直径扩展长度的数值，每月 18 号观察并记录。

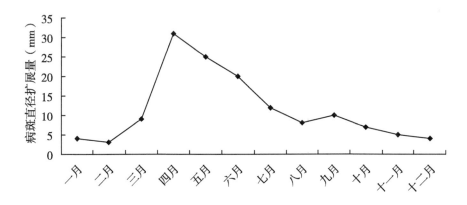

图 6-3　包头苹果树腐烂病斑扩展周年动态

苹果树腐烂病斑呈现周年变化，不同地区不同气候周年变化也存在差异。如图 6-3 所示为包头地区苹果树腐烂病斑扩展的周年动态，由图可知，4 月病斑扩展量为全年最大，达到 31 mm，此时病菌最为活跃，发病最为严重。3 月之前 10 月之后，病斑基本处于休眠期，病斑扩展量小于 10 mm。

● 乌兰察布地区苹果树腐烂病病斑扩展的周年变化情况

在乌兰察布地区的二洼村果园，将一年中各个月份所选果树的平均病斑扩展的数值记录下来，根据时间的对应关系，再和时间关系绘制成图（图6-4）。以毫米（mm）为单位，横坐标为月份，纵坐标为2011年1月到2011年12月在二洼村果园所统计的病斑直径扩展长度的数值，每月15号观察并记录。

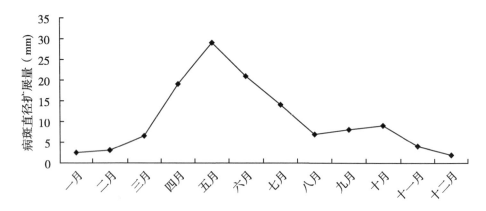

图6-4 乌兰察布苹果树腐烂病斑扩展周年动态

苹果树腐烂病病斑呈现周年变化，不同地区不同气候周年变化也存在差异。图6-4所示为乌兰察布地区苹果树腐烂病斑扩展的周年动态，由图可知，五月份病斑扩展量为全年最大，达到29 mm，此时病菌最为活跃，发病最为严重。三月之前十月之后，病斑基本处于休眠期，病斑扩展量小于10 mm。

综上分析可知，当温度达到25℃时，最适宜腐烂病菌分生孢子的生长，包头市地区四月份为腐烂病发病最严重的时期，乌兰察布市地区五月份为腐烂病发病最严重的时期。

6.2.2 壳寡糖最佳浓度选择

6.2.2.1 壳寡糖对产黄青霉菌的影响

● 壳寡糖对产黄青霉菌的形态影响

图6-5所示为两种糖源培养基培养一周的产黄青霉菌，左图明显比右图菌落面积大，表明壳寡糖对青霉菌的生长具有一定的抑制性。左图为糖源是葡萄糖的培养基，颜色发白色，多为青霉菌菌丝，右图为糖源是壳寡糖的培养基，颜色发灰绿色，多为青霉菌孢子。当青霉菌正常生长时，菌丝会遮住孢子，颜色发白。

● 不同浓度壳寡糖对产黄青霉菌菌丝扩展的影响

如表6-2中数据所示，壳寡糖对青霉菌菌丝生长具有一定的影响作用。当浓度变化时，影响作用也在变化，大体呈现抑制作用，随浓度的升高抑制作用加强。随着时间的增长，抑制率略有减弱，但时间效应不明显，表明壳寡糖发挥抑菌作用具有一定的持久性。当壳寡糖浓度高于0.125%时，完全抑制住青霉菌菌丝生长。

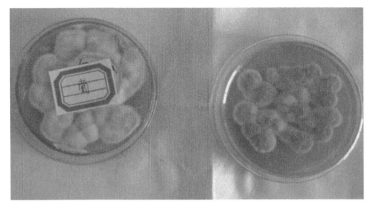

图 6-5　两种糖源培养基对产黄青霉菌的形态影响

（左：葡萄糖；右：壳聚糖）

表 6-2　不同浓度的壳寡糖室温下产黄青霉菌菌丝扩展的抑制率　　（单位:%）

浓度	抑制率					
	3 d	4 d	5 d	6 d	7 d	8 d
0.5%	100	100	100	100	100	100
0.25%	100	100	100	100	100	100
0.125%	100	87.9±2.6	87.0±1.3	86.5±2.6	85.7±2.8	85.2±2.7
0.0625%	100	81.3±2.2	79.2±3.6	78.2±3.9	78.5±1.9	77.8±2.2
0.03125%	88.5±3.3	76.4±1.8	73.1±2.1	73.7±1.7	72.9±1.6	71.2±2.5
0.015625%	60.7±1.5	52.4±1.1	50.1±2.3	49.2±2.4	48.1±3.1	47.5±2.6
CK（葡萄糖）	0	0	0	0	0	0

- 不同浓度壳寡糖对产黄青霉菌孢子萌发的影响

如图 6-6 所示，不同浓度壳寡糖对青霉菌孢子的萌发有一定的影响，大体呈现抑制作用，孢子萌发率随着壳寡糖浓度的增高而降低，当浓度达到一定值时，可以完全抑制其萌

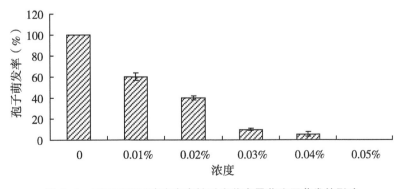

图 6-6　25℃下不同浓度壳寡糖对产黄青霉菌孢子萌发的影响

发。从图上可以看出，当壳寡糖浓度达到 0.05% 的时候就可以完全抑制孢子的萌发。

6.2.2.2 壳寡糖和青霉菌对腐烂病菌的影响

• 不同浓度壳寡糖和青霉菌处理对病原菌分泌果胶酶的影响结果见图 6-7、表 6-3。

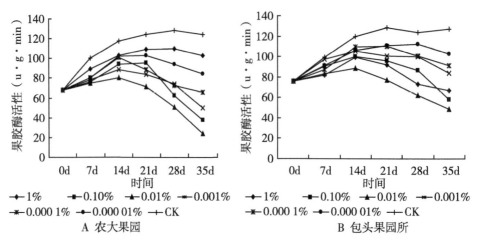

图 6-7 不同浓度壳寡糖和青霉菌处理对烂皮中果胶酶的影响

表 6-3 不同浓度壳寡糖和青霉菌处理对烂皮中果胶酶的影响

试验地	浓度	时间					
		0 d	7 d	14 d	21 d	28 d	35 d
农大果园	1%	68Aa	89.5Cc	103.1Bb	109Bb	110Bb	103Bb
	0.1%	68Aa	76.28EFf	94Dd	95.4Gg	62.3Gg	38Gg
	0.01%	68Aa	75.03Ef	80.45Ef	71.69Hh	50.48Hh	24.36Hh
	0.001%	68Aa	78.45DEe	88.35Dd	83.8Ff	74.3Ee	50Ff
	0.0001%	68Aa	80.36Dde	100.56Cc	88.7Ee	72.5Ff	65.8Ee
	0.00001%	68Aa	80.24Dd	102.01Bb	103Cc	94Dd	84.3Cc
	CK	68Aa	100.3Aa	117.4Aa	124Aa	128.37Aa	124Aa
包头果园所	1%	76A	81.98Dde	99.63Cc	91.8Ee	73Ff	66.63Ee
	0.1%	76A	90.37DEe	100.27Dd	95.9Ff	86.8Ee	58.1Ff
	0.01%	76A	83.37EFf	88.5Dd	76.8Gg	62.3Gg	48.4Gg
	0.001%	76A	97.38Bb	105.68Bb	100.9Dd	100.1Cc	83.7Dd
	0.0001%	76A	87.48Dd	109.24Bb	110Cc	101Dd	91.2Cc
	0.00001%	76A	91.5Cc	106Bb	111Bb	112Bb	103Bb
	CK	76A	99.45Aa	119.6Aa	128.7Aa	123.6Aa	127Aa

备注：不同字母表示差异显著，大写代表 $P<0.05$ 时的结果，小写代表 $P<0.01$ 时的结果，CK：对照处理。

病原菌在侵染过程中会分泌一种酶，经前人分析研究得知，该种酶是果胶酶。当树体发病时其活性会发生变化，在实验中每隔 7 d 取一次样，测定其果胶酶活性。如上述图及表可以看出，其中果胶酶活性与对照处理有显著性差异。表明，不同浓度壳寡糖和青霉菌组合处理对烂皮中病原菌分泌物果胶酶有抑制效果。其中浓度为 0.01% 的壳聚糖与青霉菌组合的药剂处理差异极显著（$P < 0.01$），35 d 时，农大果园测得果胶酶的活性为 24.36 $u \cdot g^{-1} \cdot min^{-1}$，包头果园所测得果胶酶的活性为 48.4 $u \cdot g^{-1} \cdot min^{-1}$，而 CK 为分别为 124 $u \cdot g^{-1} \cdot min^{-1}$ 和 128 $u \cdot g^{-1} \cdot min^{-1}$。

● 不同浓度壳寡糖和青霉菌处理对发病树体防御酶系的活性变化见图 6-8。

图 6-8 所示为在农大果园不同浓度壳寡糖和青霉菌组合的药剂处理对防御酶系的影响，在不同浓度处理中，对 PAL 的活性、POD 的活性、PPO 的活性和 CAT 的活性的影响不同，0.01% 壳寡糖与青霉菌组合药剂可显著提高 POD、PAL 和 CAT 的活性相对于其他几个处理（$P < 0.05$），最大值分别为 54.67 $u \cdot g^{-1} \cdot min^{-1}$、0.865 $u \cdot g^{-1} \cdot min^{-1}$ 和 467.19$u \cdot g^{-1} \cdot min^{-1}$。0.1% 壳寡糖与青霉菌组合药剂可显著提高 PPO 的活性相对于其他几个处理（$P < 0.05$），最大值为 3.85 $u \cdot g^{-1} \cdot min^{-1}$。

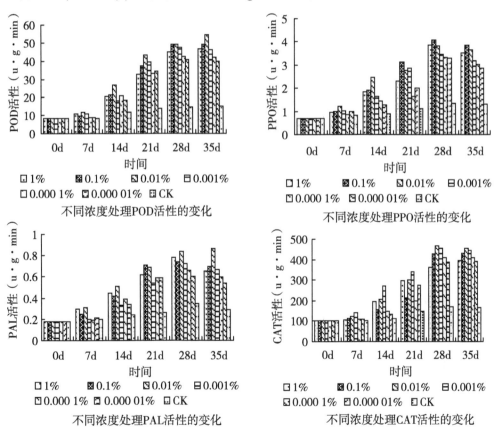

图 6-8　农大果园不同浓度处理下防御酶系变化

图 6-9 为在包头果园所不同浓度壳寡糖和青霉菌组合的药剂处理对防御酶系的影响，在不同浓度处理中，对 PAL 活性、POD 的活性、PPO 的活性和 CAT 的活性的影响不同，0.01% 壳寡糖与青霉菌组合药剂可显著提高 POD 和 CAT 的活性相对于其他几个处理（$P<0.05$），最大值为 48.75 u·g^{-1}·min^{-1} 和 402.36 u·g^{-1}·min^{-1}。0.1% 壳寡糖与青霉菌组合药剂可显著提高 PPO 和 PAL 的活性相对于其他几个处理（$P<0.05$），最大值为 3.2 u·g^{-1}·min^{-1} 和 0.71 u·g^{-1}·min^{-1}。

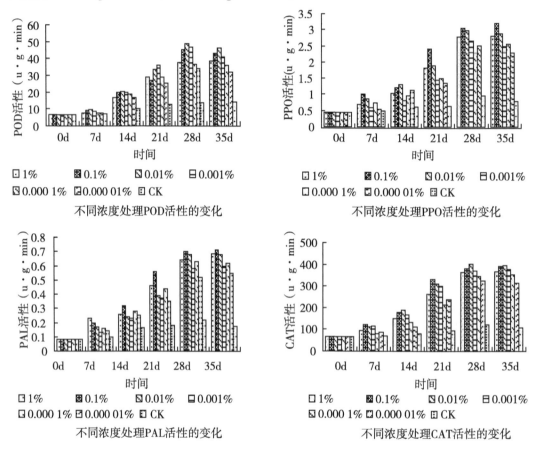

图 6-9 包头果园所不同浓度处理下防御酶系变化

综上分析可知，0.01% 壳寡糖与青霉菌组合可显著降低烂皮中果胶酶的活性，并且可以显著提高其防御酶系的活性。

6.2.3 田间最佳药效选择

6.2.3.1 病斑愈合度分析

通过在农大果园进行药剂促进伤口愈合度试验分析表明（图 6-10），青霉菌与壳寡糖组合的药剂能很好地促进伤口的愈合，与对照比较效果明显。加入人造树皮的愈合效果整体优于未加入人造树皮的。对数据进行方差分析，处理 E（0.01% 壳寡糖+青霉菌处理后添加入人造树皮）相对于其他处理有明显的促进病斑愈合的作用（$P<0.05$），两年的平均愈合宽度和平均愈合效果均为最大，分别为 28.6 mm、27.6 mm 和 472%、352.46%。

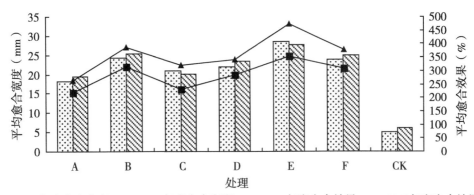

2011年度愈合宽度　2012年度愈合宽度　▲2011年度愈合效果　■2012年度愈合效果

图 6-10　农大果园病斑愈合度对比

通过在包头果园所进行药剂促进伤口愈合度试验，结果表明（图 6-11），青霉菌与壳寡糖组合的药剂能很好的促进伤口的愈合，与对照比较效果明显。加入人造树皮的愈合效果整体优于未加入人造树皮的。对数据进行方差分析，处理 E（0.01%壳寡糖+青霉菌处理后添加人造树皮）相对于其他处理有明显的促进病斑愈合的作用（$P<0.05$），两年的平均愈合宽度和平均愈合效果均为最大，分别为 35.1 mm、38.3 mm 和 442.86%、253.54%。

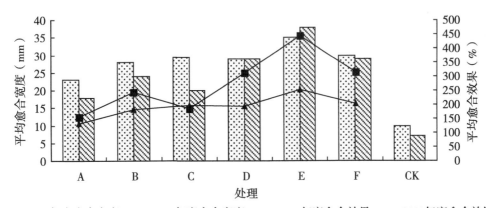

2011年度愈合宽度　2012年度愈合宽度　▲2011年度愈合效果　■2012年度愈合效果

图 6-11　包头果园所病斑愈合度对比

通过在二洼村果园所进行药剂促进伤口愈合度试验，结果表明（图 6-12），青霉菌与壳寡糖组合的药剂能很好的促进伤口的愈合，与对照比较效果明显。加入人造树皮的愈合效果整体优于未加入人造树皮的。对数据进行方差分析，处理 E（0.01%壳寡糖+青霉菌处理后添加人造树皮）相对于其他处理有明显的促进病斑愈合的作用（$P<0.05$），两年的平均愈合宽度和平均愈合效果均为最大，分别为 31.2 mm、35.3 mm 和

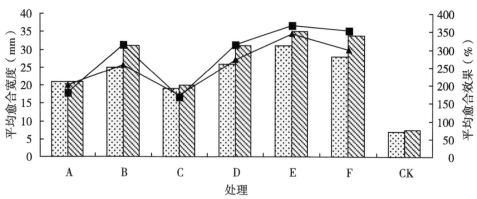

图 6-12　二洼村病斑愈合度对比

342.86%、366.67%。

综上分析可知，青霉菌与壳寡糖组合的药剂能有效的促进伤口的愈合，且0.01%壳寡糖+青霉菌处理后添加人造树皮组合对病斑愈合的效果最好。

6.2.3.2　复发率和防治效果分析

表6-4为农大果园测得的药剂对苹果树腐烂病田间防治效果，从表6-4可以看出，药剂在农大果园对苹果树腐烂病有良好的治愈效果。用药剂的处理均比未用药剂的对照复发率低，壳寡糖浓度为0.01%的处理防效普遍高于其他浓度的，添加人造树皮的处理防效普遍高于未添加的。其中处理E（0.01%壳寡糖+青霉菌处理后添加人造树皮）在2011年和2012年防效均达到了最高，分别为58.82%和73.68%。其次为处理B（0.01%壳寡糖+青霉菌），两年防效分别为52.94%和68.42%。

表 6-4　不同处理对农大果园复发率和防治效果分析

处理	2011 年 11 月				2012 年 11 月			
	病斑处理数	病斑复发数	复发率（%）	防效（%）	病斑处理数	病斑复发数	复发率（%）	防效（%）
A	25	10	40.00%	41.18%	25	9	36.00%	52.63%
B	25	8	32.00%	52.94%	25	6	24.00%	68.42%
C	25	11	44.00%	35.29%	25	8	32.00%	57.89%
D	25	8	32.00%	52.94%	25	7	28.00%	63.16%
E	25	7	28.00%	58.82%	25	5	20.00%	73.68%
F	25	12	48.00%	29.41%	25	10	40.00%	47.37%
CK	25	17	68.00%		25	19	76.00%	

表6-5为包头果园所测得的药剂对苹果树腐烂病田间防治效果，从表可以看出，药

剂在包头果园所对苹果树腐烂病有良好的治愈效果。用药剂的处理均比未用药剂的对照复发率低，壳寡糖浓度为 0.01%的处理防效普遍高于其他浓度的，添加人造树皮的处理防效普遍高于未添加的。2011 年处理 B（0.01%壳寡糖+青霉菌）和处理 D（0.1%壳寡糖+青霉菌处理后添加人造树皮）防效最高，均为 65.00%。2012 年处理 E（0.01%壳寡糖+青霉菌处理后添加人造树皮）防效达到最高，为 52.63%。

表 6-5　不同处理对包头果园所复发率和防治效果分析

| 处理 | 2011 年 11 月 | | | | 2012 年 11 月 | | | |
	病斑处理数	病斑复发数	复发率（%）	防效（%）	病斑处理数	病斑复发数	复发率（%）	防效（%）
A	25	12	48.00%	40.00%	25	13	52.00%	31.58%
B	25	7	28.00%	65.00%	25	10	40.00%	47.37%
C	25	10	40.00%	50.00%	25	14	56.00%	26.32%
D	25	7	28.00%	65.00%	25	12	48.00%	36.84%
E	25	9	36.00%	55.00%	25	9	36.00%	52.63%
F	25	11	44.00%	45.00%	25	12	48.00%	36.84%
CK	25	20	80.00%		25	19	76.00%	

表 6-6 为二洼村所测得的药剂对苹果树腐烂病田间防治效果，从表可以看出，药剂在二洼村对苹果树腐烂病有良好的治愈效果。用药剂的处理均比未用药剂的对照复发率低，壳寡糖浓度为 0.01%的处理防效普遍高于其他浓度的，添加人造树皮的处理防效普遍高于未添加的。2011 年处理 B（0.01%壳寡糖+青霉菌）和处理 E（0.01%壳寡糖+青霉菌处理后添加人造树皮）防效最高，均为 61.90%。2012 年处理 E（0.01%壳寡糖+青霉菌处理后添加人造树皮）防效达到最高，为 65.00%。

表 6-6　不同处理对二洼村果园复发率和防治效果分析

| 处理 | 2011 年 11 月 | | | | 2012 年 11 月 | | | |
	病斑处理数	病斑复发数	复发率（%）	防效（%）	病斑处理数	病斑复发数	复发率（%）	防效（%）
A	25	13	52.00%	38.10%	25	16	64.00%	20.00%
B	25	8	32.00%	61.90%	25	12	48.00%	40.00%
C	25	14	56.00%	33.33%	25	14	56.00%	30.00%
D	25	10	40.00%	52.38%	25	15	60.00%	25.00%
E	25	8	32.00%	61.90%	25	7	28.00%	65.00%

（续表）

处理	2011 年 11 月				2012 年 11 月			
	病斑处理数	病斑复发数	复发率（%）	防效（%）	病斑处理数	病斑复发数	复发率（%）	防效（%）
F	25	11	44.00%	47.62%	25	14	56.00%	30.00%
CK	25	21	84.00%		25	20	80.00%	

综上分析可知，药剂在包头地区和乌兰察布地区均对苹果树腐烂病有良好的治愈效果。用药比未用药防治效果好，添加人造树皮比未添加人造树皮防治效果好，壳寡糖浓度为 0.01% 的防治效果好。

6.3 结 论

本项研究主要进行了温度对腐烂病菌的影响，不同浓度壳寡糖与青霉菌组合的相互影响及对腐烂病菌果胶酶和防御酶系活性的影响，青霉菌和壳寡糖组合对田间病斑愈合和防治效果的作用，得出以下结论。

（1）当温度达到 25℃ 时，最适宜腐烂病菌分生孢子的生长。包头地区四月份为腐烂病发病最严重的时期，田间施药应在腐烂病菌分生孢子达到最适宜温度并且腐烂病发病最严重之前进行，所以春天施药效果明显，一般为清明（4 月 4 日或 6 日）后一周为最佳防治时期。乌兰察布地区五月份为腐烂病发病最严重的时期，田间施药应在腐烂病菌分生孢子达到最适宜温度并且腐烂病发病最严重之前进行，所以春天施药效果明显，一般为谷雨（4 月 19 日或 21 日）后一周为最佳防治时期。

（2）壳寡糖能够抑制青霉菌菌丝生长，壳寡糖发挥抑菌作用具有一定的持久性。当壳寡糖浓度高于 0.125% 时，完全抑制住青霉菌菌丝生长。壳寡糖对青霉菌原真菌孢子的萌发都有抑制效果，0.05% 的壳寡糖就可以完全抑制孢子的萌发。因此，选择壳寡糖与青霉菌组合，使其均发挥良好的作用，壳寡糖浓度控制在 0.05% 范围内。

（3）0.01% 壳寡糖与青霉菌组合可显著降低烂皮中果胶酶的活性，并且可以显著提高其防御酶系的活性。

（4）0.01% 壳寡糖+青霉菌处理后添加人造树皮的组合处理能有效促进病斑的愈合，并且防治效果最佳。在包头地区和乌兰察布地区均对苹果树腐烂病有良好的治愈效果。

6.4　讨　论

本项研究主要对苹果树腐烂病防治的最佳时间、药剂最佳浓度及该种药剂防治的最佳效果进行了相关研究，运用生物制剂防治苹果树腐烂病，现讨论如下。

6.4.1　防治最佳时间的选择

苹果树腐烂病的防治时间在整个防治过程中起着重要的作用，是防治工作的第一步，因此对于最佳防治时间的选择显得尤为重要，关系着整个过程的成败。有很多学者研究表明，温度是决定腐烂病菌的活跃周期的关键因素，因此本研究在实验室方面，通过研究温度对腐烂病病菌分生孢子的影响来确定最适生长温度；在田间方面，通过研究当地腐烂病斑的周年扩展情况来确定病菌最活跃月份。结合实验室和田间两方面，综合确定最佳防治时间，选择腐烂病菌休眠期刚过、活跃期前为防治最佳时间。建议今后还可以从降水分布方面进行研究确定最佳时间。

6.4.2　青霉菌分泌物对腐烂病菌的影响

曾有研究表明青霉素液（尤其是 1.2 万单位 $\cdot$ L^{-1}）能够有效地防治苹果树腐烂病，其机理不是直接的抑制病菌的生长和病源菌分泌的果胶酶，它是通过增强树体的抗病性（提高防御性物质的活性或含量）和促进伤口的愈合来防治病害。但是青霉素本身作为一种抗生素类药物，运用方面具有一定的限制性，并且青霉素必须即配即用，24 h 后失效，存在局限性，所以引入生物防治的概念，将青霉菌加入药剂进行苹果树腐烂病的防治。试验中将涂抹药剂一个月后的树皮组织带回实验室仍能分离出青霉菌，较青霉素液有作用时间长的效果。

本研究进一步验证了青霉素可以很好的防治苹果树腐烂病。

6.4.3　青霉菌与腐烂病菌的关系

青霉菌属于真菌的一种，在本研究中，首次对真菌防治腐烂病做了时间、浓度和效果三方面的研究。该论文主要做了青霉菌对防治苹果树腐烂病效果方面的实验，由于时间有限，并未对两种菌之间的关系进行深入研究。在实验中曾将两种菌培养在同一培养皿中，表面并未出现竞争关系。试验中仅对壳寡糖与青霉菌组合中的壳寡糖浓度进行了确定，对于青霉菌的浓度是控制在一定范围内的，试验中并未划分具体浓度梯度。

附　图

附图1　自主研发的产黄青霉菌剂对苹果腐烂病在黄太平苹果
上的田间防效（A、C 清水对照；B、D 产黄青霉菌剂处理）

第7章 新型生物农药对苹果树腐烂病的防治研究

7.1 材料和方法

7.1.1 实验材料

7.1.1.1 材 料

8～10年生的金红苹果树（包头果园所）、产黄青霉菌（中国科学院微生物研究所提供）、壳寡糖（大连中科格莱克生物科技有限公司）、羧甲基纤维素钠（国药集团化学试剂有限公司）、丙三醇（天津市光复科技发展有限公司）、葡萄糖、琼脂等。

7.1.1.2 凝胶和培养液

凝 胶：将一定量的CMC-Na和甘油放入烧杯，加蒸馏水补足50 mL，使其有效溶胀（约1 d，不能搅拌）。将洗净后去皮的马铃薯（200 g）切成1cm见方，加水1 000 mL煮沸半小时，用纱布滤去马铃薯后，将滤液过滤到烧杯中，然后加糖（葡萄糖15 g）和一定量琼脂，加水补足1 000 mL，水浴加热使各药品完全溶化并搅拌均匀，最后分装到已准备好的三角瓶中。将三角瓶放置高压锅中灭菌（121℃，25 min）。其中CMC-Na、甘油和琼脂的用量待定。

培养液：PA培养液（参考乔国彪（2009）的方法）制备过程中，根据处理的需要加入各药物成分。

7.1.1.3 新型生物农药

新型生物农药由膏剂A、丸剂B和巴布剂C组成。各剂型如图7-1所示。

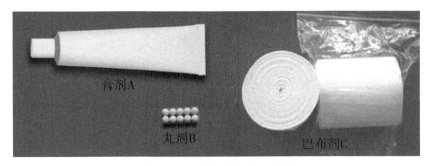

图7-1 新型生物农药各剂型

膏剂A：配置凝胶基质过程中，在水浴加热基质尚处于液态时，将其分装入若干膏药筒。将膏药筒连带凝胶基质放置于高压灭菌锅中灭菌（121℃，25 min）。在无菌条件下，在冷却前将膏药管密封。

丸剂B：配置凝胶基质过程中，多添加壳寡糖，其浓度根据实验效果待定。在水浴加热基质尚处于液态时，将其分装入若干药丸壳，并合盖。将药丸放置于高压灭菌锅中灭菌（121℃，25 min）。待药丸冷却，开盖并接入产黄青霉菌。石蜡将药丸密封。

巴布剂 C：巴布剂采用防水无纺布，厂家定制生产。

7.1.2 试验方法

7.1.2.1 凝胶物理性质测定

按表 7-1 水平，分别放入不同量和种类的药品，制备出 9 种不同凝胶。通过系列实验，来观察其物理性质的优劣，评定其是否适合作为新型生物农药载体。

表 7-1 胶各成分含量试验因素与水平

因素水平	A CMC（g）	B 甘油（mL）	C 琼脂（g）
1	4	2	2
2	6	3	4
3	8	4	6

凝胶黏稠度的测定：选择 9 组竖直的苹果树主枝，每组两枝，直径分别为 5 cm 和 10 cm，清除树皮上的尘土及杂物。裁取 10 cm×10 cm 的膏药布 18 块，均匀涂抹 1 cm 厚凝胶，将膏药布粘于苹果树枝，膏药布中间下部用绳线悬吊 10 g 砝码，观察各组悬吊时间。各组两膏药布最低悬吊时间大于 1 h 为优，小于 20 min 为差，悬吊时间介于之间者为中等。

凝胶涂展性的测定：在 25℃室温条件下，取一支下口直径为 2.5 cm 的玻璃漏斗，将其固定于一张白纸上 10 cm 处，取 9 组 100 mL 处于液体状态 60℃的凝胶，匀速从一点倒入漏斗，1 h 后观察各组凝胶在膏药布上形成的图案。若图案为圆形，则量取其直径。若图案为不规则形状，则量取长径和短径取其平均值。各组凝胶涂展直径大于 10 cm 为优，小于 5 cm 为差，5～10 cm 为中等。

凝胶稳定性的测定：将 9 种凝胶涂于膏药布上，室温放置一周观察其是否能保持不干涸或者流化，同时观察其流动性和黏性变化。若凝胶保持湿润且黏度不变则为优；若凝胶干涸或流化严重影响到其黏性则为差；若凝胶部分干涸或流化致使凝胶黏性下降则为中等。

凝胶优劣评分标准：凝胶优劣评分标准（表 7-2）参考陈萍（2008）的方法。

表 7-2 凝胶评分准表

因素级别	黏稠度	涂展性	稳定性
好	10～8	10～8	10～8
中	7～5	7～5	7～5
差	4～1	4～1	4～1

7.1.2.2　产黄青霉菌在液体培养基中生长繁殖研究

取 4 个三角瓶，分别加入下列处理 150mL 溶液，灭菌后，接入产黄青霉菌。

处理Ⅰ：稀释 5 倍的 PA 培养液。

处理Ⅱ：稀释 5 倍 PA 培养液（含 0.01%壳寡糖）。

处理Ⅲ：凝胶液态基质。

处理Ⅳ：凝胶液态基质（含 0.01%壳寡糖）。

产黄青霉菌在液态基质中菌丝生长测定：在各培养液中接入产黄青霉菌后，在室温下培养。分别在 2 d、4 d，6 d 和 8 d 后，观察其长势，并测量菌落的直径。

7.1.2.3　产黄青霉菌在液体培养基中孢子浓度测定

在各培养液中接入产黄青霉菌后，然后将其放入 28℃、220 r/min 的摇床上培养。培养 2 d、4 d，6 d 和 8 d 后，取上层清液。用血球计数板（25 格×16 格）计数并计算各处理液中产黄青霉菌孢子浓度。

血球计数板的使用：用滴管吸取少许菌悬液，从计数板上技术区两凹槽各滴入一滴，并让菌悬液充满计数区，加盖盖玻片（勿使产生气泡）。将血球计数板放置于显微镜的载物台上，并使镜头正对计数区，在 40 倍镜下观察并计数。

孢子浓度计算公式：

$$产黄青霉菌孢子数/L = \frac{80\ 小格产黄青霉菌孢子数}{80} \times 400 \times 10^7 \times 稀释倍数$$

7.1.2.4　产黄青霉菌在固体培养基中生长繁殖测定

高压灭菌，制备 4 组处理的固体培养基，冷却凝固后接入青霉菌。各处理分别如下。

处理 A：PDA 培养基（PDA 的制备参考乔国彪（2009）的方法）。

处理 B：PDA 培养基（含 0.01%壳寡糖）。

处理 C：凝胶基质。

处理 D：凝胶基质（含 0.01%壳寡糖）。

产黄青霉菌在各固体培养基中菌丝生长测定：将产黄青霉菌接种于各处理培养皿上，恒温培养箱中观察其生长情况，4 d、6 d、8 d 后，分别观察菌丝生长情况，并运用十字交叉法（乔国彪等，2009）测量菌落的直径和面积。

产黄青霉菌在各固体培养基中孢子浓度测定：将产黄青霉菌接种于各处理培养皿上，观察其生长情况。在培养 4 d 后，分别用直径 1 cm 的打孔器在每个培养皿内打孔取 3 个带菌培养块，打孔位置为中心、边缘和离中心 1/2 半径处。加蒸馏水 100 mL，离心使产黄青霉菌均匀分布于溶液中，用血球技术板计算菌的浓度。培养 6 d 和 8 d 后各重复测定一次。

7.1.2.5　壳寡糖对产黄青霉菌生长影响研究

壳寡糖抑制产黄青霉菌生长繁殖研究：在凝胶基质制备过程中加入不同浓度的壳寡糖，浓度分别为 0.005%、0.01%、0.02%，0.04% 和 0.08%。分别测定产黄青霉菌菌落的生长面积和产黄青霉菌的孢子浓度。

壳寡糖对产黄青霉菌活力的影响研究：以含 0.04% 壳寡糖的凝胶基质中培养的产黄青霉菌为活性菌，接种于凝胶培养基上，观察其生长状况。测定其菌落面积和孢子浓度。以无寡糖凝胶基质培养的产黄青霉菌为对照。

7.1.2.6　密封对产黄青霉菌的影响研究

将产黄青霉菌接种于装有凝胶的培养基，用封口膜将培养皿密封，观察菌丝生长情况。以不密封的培养皿作对照。

7.1.2.7　新型生物农药对腐烂病的影响研究

从培养 4 d 后的培养基中用 1 cm 的打孔器取 3 块产黄青霉菌菌块，放入 100 mL 蒸馏水中，摇匀并离心，取上层清液待用。

果胶酶活性的测定：用移液枪取各处理上清液 2 mL，加入到果胶酶液与果胶的反应液中，再在反应液中分别加入 1 mol·L^{-1} 的碳酸钠溶液（$NaCO_3$），0.1 mol·L^{-1} 的碘化钾溶液（KI），摇匀后静置 20 min，加入 2 mol·L^{-1} 的硫酸溶液（H_2SO_4）2 mL，然后用 0.05 mol·L^{-1} 的硫代硫酸钠溶液（NaS_2O_3）滴定至棕黄色，加入 1% 的淀粉溶液 3 滴，再用硫代硫酸钠溶液滴定至蓝色消失为止。

计算公式：果胶酶活性 $= \dfrac{（对照消耗 NaS_2O_3 - 样品消耗 NaS_2O_3）×1×510×分解果胶时反应液}{酶液×酶反应时间×滴定所取反应液}$

酶活性单位为 u·g^{-1}·min^{-1}；酶反应时间 min；其余单位为 mL。

防御酶系活性测定：从刮净腐烂病皮的苹果树中挑选 6 组试验用树，每组都有 3 株不同树龄段的果树，各组同一树龄的果树树势、株高、冠幅都相似。分别用处理后的产黄青霉菌，涂抹树体表面。0 d、7 d、14 d、21 d、28 d 和 35 d 后，分别摘取树体的叶片，并称取 0.2g，加入 0.1 mol·L^{-1} pH 值 7.8 的磷酸缓冲液 4 mL，冰浴研磨匀浆后于 10 000 r·min^{-1}，4℃下离心 20 min，取上清液，置于冰箱中备用。

过氧化氢酶（CAT）活性测定参考袁海娜的方法（Sharp J K 等，1984）；苯丙氨酸解氨酶（PAL）活性测定参考薛应龙的方法；过氧化物酶（POD）活性测定参考张志良、李合生的愈创木酚法（张飞，岳田利，费坚等，2004）；多酚氧化酶（PPO）活性测定参考郝再彬等主编的《植物生理实验》的方法（2005）。

7.1.2.8　新型生物农药对苹果树腐烂病的防治

新型生物农药的使用方法和步骤如下。

（1）在刮治腐烂病病斑前 4~6 d，打开膏剂 A，将药膏按病斑个数和形状均匀挤涂到巴布剂 C 上，厚度为 10~20 cm。

（2）打开丸剂 B，将丸药均匀涂抹到药膏上，对折巴布，粘贴四边，使巴布内部密封。

（3）使用时，刮净病皮，将巴布展开，贴于刮皮部位，使膏药完全覆盖，并与树体组织完全紧密接触。

操作过程见图 7-2。

图7-2　新型生物农药准备过程

田间试验处理：A：PDA。B：PDA（含0.01%壳寡糖）。C：新型生物农药。D：凝胶基质（含0.01%壳寡糖）。E：清水对照。

田间苹果树腐烂病病斑扩展变化观察：从果园中选取5组包含相近树龄、相似生长势的金红苹果树作为研究对象，每组20棵树。每个月到果园中测量病斑直径扩展量，以mm为单位。

田间药效试验调查内容及计算公式：

$$病斑平均愈合宽度（mm）=\frac{\sum[每块病斑愈合宽度]}{测量病斑总块数}。$$

$$促进病斑平均愈合效果=\frac{药剂处理病斑平均愈合宽度-对照病斑平均愈合宽度}{对照病斑平均愈合宽度}。$$

$$病斑复发率（\%）=\frac{复发病斑块数}{调查病斑总块数}\times100。$$

$$防治效果（\%）=\frac{对照病斑复发率-药剂处理复发率}{对照病斑复发率}\times100。$$

7.2　结果与分析

7.2.1　膏剂A的确定

7.2.1.1　凝胶基质的优选

作为膏剂A中膏药成分，凝胶需要承担较长时间黏附与树体表面的功能。对3种增稠与固定作用的物质进行正交试验，优选最佳组合。由表7-3、表7-4可知：各因素的影响规律为A>C>B，最佳提取工艺条件是A3B2C1。结果表明物理性质最佳的凝胶配比为CMC-Na 8 g，甘油3mL，琼脂2 g。

表 7-3　凝胶优选实验安排及实验结果 L9（3⁴）

项目	A	B	C	综合得分
	CMC	甘油	琼脂	
1	1	1	1	12
2	1	2	2	16
3	1	3	3	12
4	2	1	2	25
5	2	2	3	17
6	2	3	1	25
7	3	1	3	23
8	3	2	1	30
9	3	3	2	16

表 7-4　凝胶优选实验结果分析

项目	A	B	C
	CMC	甘油	琼脂
K_1	40.0	60.0	67.0
K_2	67.0	63.0	57.0
K_3	69.0	53.0	52.0
k_1	13.3	20.0	22.3
k_2	22.3	21.0	19.0
k_3	23.0	17.7	17.3
R	19.0	10.0	15.0

注：K 为各因素和值，k 为平均值，R 为极差。

7.2.1.2　产黄青霉菌各培养液中产孢量

接入产黄青霉菌并摇床培养 2 d 后，PA 培养液出现直径为 2 cm 的白色棉花糖状菌丝团，随后菌丝团逐渐增大，14 d 时菌丝团达到 6 cm，且在周围出现若干直径 1～2 cm 的菌丝团。而在凝胶成分培养液中，菌丝团呈土黄色，菌丝团直径为 5 cm。含壳寡糖的 PA 液则没有菌丝团出现。由此可初步得出壳寡糖抑制产黄青霉菌菌丝生长的结论。

从表 7-5 的数据和图 7-3 可知，28℃、220 r·min⁻¹ 的摇床上培养的产黄青霉菌培养液，孢子浓度从 2D 到 4D 迅速增加，4D 以后各处理的孢子浓度趋于稳定。PA 培养液的产孢量最高，可以达到最高 163 cfu·L⁻¹；而含壳寡糖的 PA 培养液，产孢量最低；不含壳寡糖的凝胶成分培养液中孢子浓度大于含壳寡糖的凝胶成分培养液。

表 7-5　产黄青霉菌在液体培养基中产孢量

项目	孢子浓度（cfu·L⁻¹）			
	I	II	III	IV
2D	15	9	16	14
4D	134	31	112	97
6D	158	35	145	122
8D	163	37	145	125

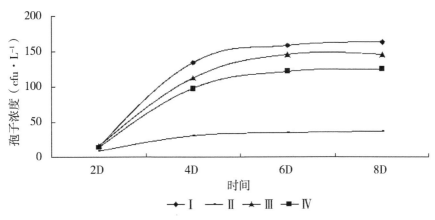

图 7-3　产黄青霉菌在培养液中产孢量

7.2.1.3　产黄青霉在培养液中菌丝生长状况

在室温培养下（培养液不放入摇床），产黄青霉菌会在培养液表面形成白色菌块。菌块漂浮于液体表面，面积逐步增大，直至覆盖培养液表面。各处理的培养液，接入产黄青霉菌菌块生长状况不一。

由表 7-6 和图 7-4 可知，各培养液中，产黄青霉菌菌落面积逐步增加；其中 PA 培养基菌落面积迅速增加，在 8 d 时，菌落占满培养液表面；凝胶成分不含壳寡糖的培养液中，菌落增加速度稍慢于 PA 培养液，但菌落依然在 8 d 时占满培养液表面。

表 7-6　液体培养基中产黄青霉菌丝生长面积

项目	菌丝生长面积（cm²）			
	I	II	III	IV
2D	1.5	0.5	1.2	1.5
4D	4.2	2.3	3.7	3.4
6D	9.5	6.5	8.7	8.5
8D	19.6	16.4	19.6	17.6

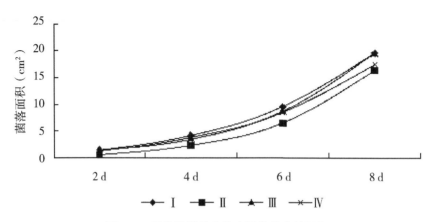

图 7-4　固体培养基产黄青霉菌丝生长面积

7.2.1.4　产黄青霉菌在固体培养基中菌丝生长状况

将产黄青霉菌接入培养皿中，培养基接菌处出现白色菌块，随后菌块逐渐扩散，面积逐渐增大。由表 7-7 和图 7-5 所示，产黄青霉菌接种于各固体培养基上，菌落开始迅速扩散。其中 PDA>PDA+CMC+甘油>PDA+CMC+甘油+壳寡糖>PDA+壳寡糖。

表 7-7　固体培养基产黄青霉菌菌丝生长面积

天数	菌丝生长面积（cm²）			
	A	B	C	D
2 d	1.5	1.2	1.4	1.4
4 d	39.3	26.2	31.4	28.6
6 d	58.2	45.6	52.4	50.3
8 d	64.8	53.7	59.6	57.5

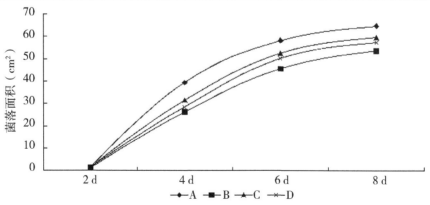

图 7-5　体培养基产黄青霉菌丝生长面积

7.2.1.5　固体培养基产黄青霉菌孢子浓度

由表 7-8、图 7-6 所示，分析结果可以得出结论：产黄青霉菌不仅可以在凝胶基质中存活，且其菌丝生长和产孢量相对于普通培养基未发生大的变化。虽然凝胶基质会对产黄青霉菌的生长有微弱的抑制，但产孢量和菌丝生长状况依然理想。考虑其好的物理性质，可以采用其作为膏剂 A 的主要成分。

表 7-8　固体培养基产黄青霉菌孢子浓度

天数	孢子浓度（cfu·L^{-1}）			
	A	B	C	D
4 d	7	4	7	6
8 d	10	6	9	8
12 d	18	10	18	13

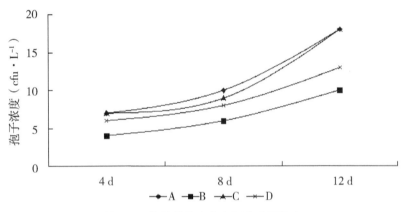

图 7-6　体培养基产黄青霉菌孢子浓度

7.2.2　丸剂 B 的药物成分确定

7.2.2.1　壳寡糖对产黄青霉菌生长的抑制

- 含壳寡糖凝胶基质产黄青霉菌丝生长面积

由图 7-7 可知，凝胶基质中有壳寡糖的存在会影响到产黄青霉菌菌丝生长，尤其是随着壳寡糖浓度的加倍，其菌丝生长面积会逐步降低。

- 含壳寡糖凝胶基质产黄青霉菌孢子浓度

由图 7-8 可知，壳寡糖可以影响产黄青霉菌在凝胶基质中的产孢量。随着壳寡糖浓度的增加，孢子浓度逐渐降低，壳寡糖浓度到 0.04% 时，孢子浓度趋近于 0。

综合上表明，产黄青霉菌在凝胶中的生长会受到壳寡糖抑制。凝胶基质中有壳寡糖的存在会降低产黄青梅菌的生长速度和繁殖速率，也就是说壳寡糖增加了凝胶基质的营养成分保存时间，延长活菌在凝胶基质中的存在时间。

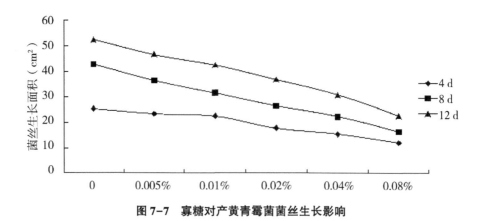

图 7-7 寡糖对产黄青霉菌菌丝生长影响

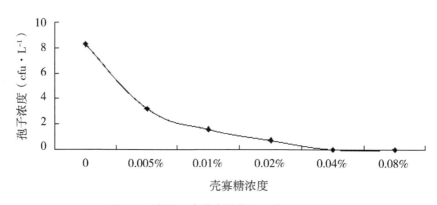

图 7-8 寡糖对产黄青霉菌孢子浓度的影响

7.2.2.2 壳寡糖对产黄青霉菌活性的影响

由表7-9、图7-9、图7-10和图7-11可知，用处理A和处理B培养的青霉菌接到凝胶培养基，两个处理青霉菌菌落面积在4 d，8 d和12 d没有差异。壳寡糖处理不会对产黄青霉菌个体的生活力产生影响。也就是说，产黄青霉菌作为活菌在壳寡糖基质培养后，依然可以有正常生长和繁殖。含壳寡糖的凝胶基质接菌后，可以作为丸剂B的主要成分。

表 7-9 产黄青霉菌菌落面积对比

| 项目 | 菌落面积（cm²） | | | | | |
| | 4 d | | 8 d | | 12 d | |
	处理 A	处理 B	处理 A	处理 B	处理 A	处理 B
1	27.5	25.3	48.4	48.1	56.0	53.2
2	26.3	26.4	47.7	48.3	52.4	54.1
3	23.1	23.8	47.2	46.2	48.7	49.2
4	25.8	26.0	47.1	48.5	53.2	56.1
5	24.6	25.6	48.0	49.0	48.8	54.0
6	26.5	24.2	48.7	44.7	54.5	50.7

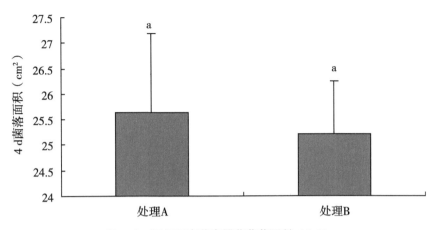

图 7-9　同处理产黄青霉菌菌落面积（4 d）

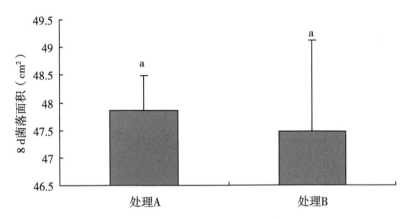

图 7-10　同处理产黄青霉菌菌落面积（8 d）

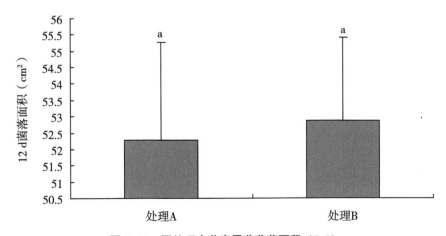

图 7-11　同处理产黄青霉菌菌落面积（8 d）

7.2.3 巴布剂 C 的选择

产黄青霉菌菌丝在密封环境下的生长状况，初期和对照并无区别。而 15 d 后，对照培养基水分散失较多，菌丝生长放缓。也就是说，产黄青霉菌菌丝生长与空气并无直接关系，但若膏药裸露在空气中会散失水分，间接影响到菌丝的生长。因此，为了保证新型生物农药药性，必须为产黄青霉菌提供较为封闭的环境。巴布剂 C 是必须的剂型。图 7-12 为培养 30 d 时产黄青霉菌菌丝生长状况（左图密封处理，右图为对照）。

图 7-12　30 d 时产黄青霉菌菌丝生长状况

7.2.4 新型生物农药对烂皮中果胶酶活性的影响

苹果树腐烂病侵染果树的时候，会在烂皮中分泌果胶酶。而青霉素或者产黄青霉菌代谢产物会改变果胶酶的活性。由图 7-13 可知，产黄青霉菌液对果胶酶有抑制作用。处理 A 对果胶酶活性抑制作用最为显著（$P<0.01$），35 d 时，测得果胶酶的活性为 $23\ u \cdot g^{-1} \cdot min^{-1}$，而 CK 则为 $124\ u \cdot g^{-1} \cdot min^{-1}$。各处理对果胶酶活性影响大小为：处理 A>处理 B>处理 C>处理 D。也就是说，PDA 处理效果最好，新药的处理次之。

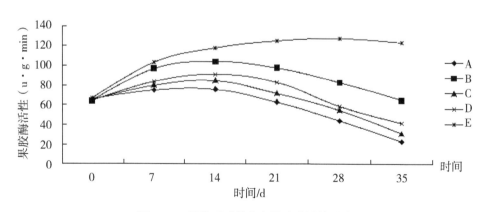

图 7-13　同处理对烂皮中果胶酶活性影响

7.2.5　新型生物农药对发病树体抗性物质的影响

7.2.5.1　新型生物农药对发病树体 PAL 活性的影响

由图 7-14 可知,果树刮皮后 CK 处理,PAL 的活性并没有随时间发生变化;而其他处理 PAL 的活性则随时间增加而增加明显,到 21 d,其活性趋于稳定达到最大值;处理 A 诱导 PAL 活性在 14d 前高于处理 C,但随后处理 C 的诱导效果超过处理 A,并达到最高 467 u·g^{-1}·min^{-1};各处理诱导 PAL 活性由高到低依次为:处理 C>处理 A>处理 D>处理 B>CK。

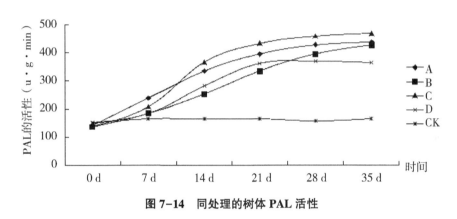

图 7-14　同处理的树体 PAL 活性

7.2.5.2　新型生物农药对发病树体 POD 活性的影响

由图 7-15 可知,果树刮皮后 CK 处理,POD 的活性未变化,而其他处理 POD 的活性变化明显,其中各处理活性变化处理 C>处理 D>处理 A>处理 B>CK。28 d 时,各处理 POD 活性趋于稳定,处理 C 在 35 d 时,POD 的活性最高可达到 45.2 u·g^{-1}·min^{-1}。

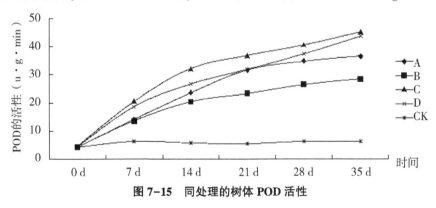

图 7-15　同处理的树体 POD 活性

7.2.5.3　新型生物农药对发病树体 PPO 活性的影响

由图 7-16 可知,果树刮皮后 CK 处理,PPO 活性未发生变化,而其他处理 PPO 活性变化明显,其中各处理活性变化处理 C>处理 D>处理 A>处理 B>CK。28 d 时,各处理 PPO 活性趋于稳定,处理 C 在 35 d 时,POD 的活性最高可达到 3.87 u·g^{-1}·min^{-1}。

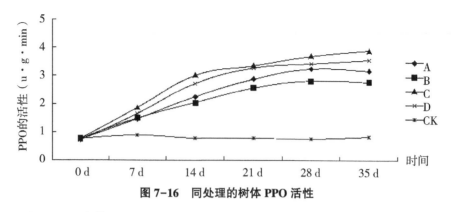

图7-16 同处理的树体 PPO 活性

7.2.5.4 新型生物农药对发病树体木质素含量的影响

由图7-17可知，果树刮皮后 CK 处理，木质素含量变化不明显，而其他处理木质素含量迅速升高，14 d 前，处理 A 诱导木质素含量最高，随后在 21 d 前后，木质素含量分别被处理 C 和处理 D 超过。28 d 后，各处理木质素含量处理 C>处理 D>处理 A>处理 B>CK。

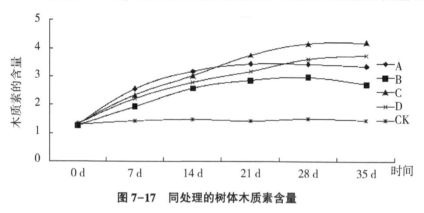

图7-17 同处理的树体木质素含量

7.2.6 新型生物农药防治效果

7.2.6.1 病斑愈合效果

由图7-18和7-19可知，处理 C 对苹果树腐烂病的愈合效果最好，处理 D 次之，然

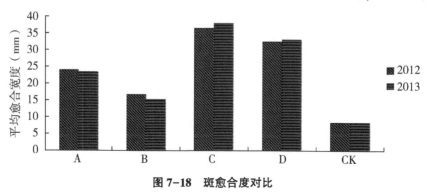

图7-18 斑愈合度对比

后一次是处理 A 和处理 B。结果表明，新型生物农药对苹果树腐烂病的愈合作用明显优于其他处理（$P<0.05$）。

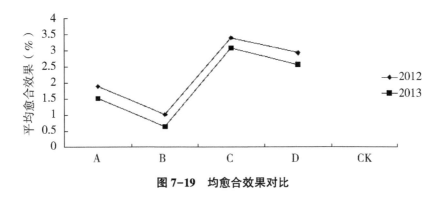

图 7-19　均愈合效果对比

7.2.6.2　复发率和防治效果

从表 7-10 可以看出，各处理对苹果树腐烂病的治愈效果依次为：处理 C>处理 D>处理 A>处理 B>CK。也就是说新型生物农药治愈效果最佳，2012 年其防治腐烂病复发率和防治效果分别为 12% 和 82.4%，2013 年则为 12% 和 84.8%。

表 7-10　不同年份病斑复发率和防治效果分析

项目	2012 年				2013 年			
	处理数	复发数	复发率（%）	防效（%）	处理数	复发数	复发率（%）	防效（%）
A	25	7	28	58.8	25	8	32	57.9
B	25	10	40	41.2	25	12	48	36.8
C	25	3	12	82.4	25	3	12	84.4
D	25	4	16	76.5	25	5	20	72.7
CK	25	17	68	—	25	19	76	—

7.3　结　论

综合上述实验结果和分析，课题组优选出新型生物农药凝胶成分，确定了新型生物农药剂型和组分，并对新型生物农药从机理和药性方面做了验证。得出以下结论。

（1）新型生物农药主要凝胶成分包括羧甲基纤维素钠，丙三醇和琼脂等。3 种主要成分浓度分别为 $8\ g \cdot L^{-1}$，$2\ mL/L$ 和 $2\ g \cdot L^{-1}$ 时，制备凝胶的黏稠度，涂展性和润湿度最为理想。

（2）新型生物农药由膏剂 A，丸剂 B，巴布剂 C 组成。其中丸剂中需要加入 0.01～

$0.02\ g \cdot L^{-1}$壳寡糖。增加壳寡糖，可降低产黄青霉菌孢子萌发率，降低丸药中养分消耗并使得丸药药效时间延长。

（3）摇床培养条件下，产黄青霉菌及其代谢产物可以诱导苹果树树体产生较强抗性，树体 PAL 的活性、PPO 的活性、POD 的活性和木质素的含量都有一定的提升。培养 4d 的产黄青霉菌及代谢物，诱导产生抗性物质的作用最为理想和显著。

（4）固体基质中产黄青霉菌生长状况为：PDA>凝胶基质>凝胶（含 0.01%壳寡糖）>PDA（含%0.01 壳寡糖）；而诱导抗性和防治效果方面则为：新型生物农药>PDA。这是因为凝胶在粘合性优于 PDA 培养基，药物成分与树皮能无缝结合。同时，凝胶中的甘油的存在则有保水作用，使得凝胶能持续提供产黄青霉菌较为稳定的生长环境。

7.4　讨　论

本研究主要从新型生物农药的成分、制备过程和药效做了相关研究。新药在防治苹果树腐烂病取得较为理想的效果，但在新药剂型选择、凝胶对青霉菌生长影响和机理、新药在预防腐烂病等方面仍需开展研究。

7.4.1　新药剂型的选择

新型生物农药药物成分基本确定为产黄青霉菌及代谢产物。而在剂型上，选择膏剂 A 作为营养成分及载体；丸剂 B 保存活菌；巴布剂 C 提供青霉菌生长繁育的小环境。选择这三种功能的剂型是较为常规的思路，我们制备出新型生物农药是对这种思路的实现。而药物剂型的种类多样，适合活菌及营养成分的剂型还有许多种可选择。比如针剂、喷雾剂等。今后可以尝试再做一些其他剂型的研究。

7.4.2　凝胶成分的阻滞作用

本研究观察到一种现象，凝胶对药性有一定的阻滞作用。凝胶成分加入培养基（液），青霉菌生长情况有一定的抑制，同时壳寡糖对青霉菌生长的抑制作用减弱了。凝胶成分对药物阻滞作用需要在今后深入研究。

7.4.3　新型生物农药的预防作用

新型生物农药在防治苹果树腐烂病方面效果理想。而在预防腐烂病和潜伏侵染源的方面，考虑到新药的物理性质，并没有做太多的研究。在实验中，我们发现凝胶成分培养液能够正常培育产黄青霉菌，且其培养液黏附或涂刷于树体。因此，可以设想通过降低新药的凝胶成分比例或结构，采用涂抹，喷雾等方法来预防腐烂病。

参考文献

白雪芳，杜昱光．2008. 壳寡糖诱导油菜抗菌核病机理研究初探 [J]. 西北农业学报，17（5）：81-85.

波钦诺克．1976. 植物生物化学分析方法．荆家海，等，译．北京：科学出版社．178-181.

蔡应繁，叶鹏盛，张利，等．2001. β-1,3-葡聚糖酶及其在植物抗真菌病害基因工程中的应用 [J] 西南农业学报，142：78-81.

曹克强，国立耘，李保华，等．2009. 中国苹果树腐烂病发生和防治情况调查 [J] 植物保护，35（2）：114-116.

常聚普，郭利民，李志清，等．1998. 苹果树腐烂病的生物防治技术研究 [J]. 河南农业，1：13-14.

陈策，等．1980. 辽宁西部地区苹果树腐烂病发生发展过程观察和药剂防治试验 [J]. 中国果树（4）：39-40.

陈策，等．1980. 以预防为主，改进和加强苹果树腐烂病的防治 [J]. 中国果树（2）：1-3.

陈策，等．1981. 苹果树腐烂病的发病过程和药剂防治研究 [J]. 植物保护学报，8（1）：35-39.

陈策，等．1982. 苹果树腐烂病抗病因素初探树皮愈伤能力与抗扩展关系的研究 [J]. 植物病理学报，12（1）：49-55.

陈策，等．1986. 苹果树腐烂病药剂防治的施药时期研究 [J]. 中国果树（3）：36-37.

陈策，史秀琴，孙竑，等．1981. 苹果树腐烂病的发病过程和药剂防治研究 [J]. 植物保护学报，8（1）：35-39.

陈策，王金友，史秀芹，等．1979. 辽宁西部地区苹果树腐烂病发生发展的过程观察和药剂防治实验 [J]. 中国果树（4）：39-41.

陈策，王金有，李美娜，等．1986. 苹果树腐烂病药剂防治的施药时期研究 [J]. 中国果树，3：36-37.

陈策，王金有，史秀琴，等．1980. 以预防为先，改进和加强苹果树腐烂病的防治 [J]. 中国果树，2：000.

陈策．1980. 国外对于苹果树腐烂病、桃树腐烂病以及其他同类病害的研究近况 [J]. 中国果树，（增刊）：68-76.

陈策．1987. 苹果腐烂病侵染时期的研究 [J]. 植物病理学报，17（3）：1-8.

陈策．2009. 苹果树腐烂病发生规律和防治研究 [M]. 北京：中国农业科学技术出版社．154.

陈策．苹果树腐烂病发生规律和防治研究 [M]. 北京：中国农业科学技术出版社.

陈宫，李树．2008. 流胶病的防治 [J]. 植保科技（7）：45.

陈宫，李树．2008. 流胶病的防治技术 [J]. 农村实用技术（4）：41.

陈欢欢，昝佳，林莹，等．2006. 壳聚糖/聚乙烯醇温敏水凝胶的制备及性质研究 [J]. 清华大学学报：自然科学版，46（6）：843-846.

陈凯，朱友泉．1992. 我国优质苹果分布区域与适宜生态指标的研究农业现代化研究 [J]. 农业现代化研究（6）：343-345.

陈丽，李子．2009. 保健果醋饮料的工艺研究 [J]. 中国酿造（4）：164-166.

陈亮，刘丽君，司乃国．2009. 丁香菌酯对苹果树腐烂病的防治 [J]. 农药，48（6）：402-404.

陈萍．2008. RU486 凝胶剂的初步研究 [D]. 武汉：华中科技大学.

陈善美，王长新，田林．2013. 苹果树腐烂病 [J]. 现代农业科技（11）：150-150.

陈秀清，等.2004.防治杨树腐烂病 [J].河北林业，4.

陈延熙.刘福昌.陈汝芬，等.1963.苹果树腐烂病潜伏侵染研究 [J].中国植物保护学会，论文摘要集上册.

陈延熙.刘福昌.陈汝芬，等.1963.苹果树腐烂病研究初报 I 苹果树腐烂病潜伏侵染研究.中国植物保护学会.论文摘要集上册.

陈耀华.2008.人类健康的金钥匙——壳寡糖 [M].北京：中国医药科技出版社，8.

程廉，闻桂妹，刘柳菌.1994.毒清杀菌谱的研究和田间防治试验 [J].西北农业学报，3（3）：85-89.

程廉.1993.苹果树腐烂病的发生诱因 [J].果树学报，4：226-228.

崔瑛，李树.2008.流胶病的发生原因及综合防治措施 [J].中国果菜（2）：39.

戴芳澜.1973.常见及常用真菌 [J].北京：科学出版社.

戴芳澜.1987.真菌的形态和分类 [J].北京：科学出版社.

单家林，肖倩莼，余卓桐，等.2005.低聚糖素诱导橡胶树抗白粉病作用机制初探 [J].亚热带植物科学，34（1）：31-32.

单家林，肖倩莼，余卓桐，等.2005.低聚糖素诱导橡胶树抗白粉病作用机制初探 [J].亚热带植物科学，34（1）：31-32.

党德宣，林何莺，王引斌，等.2009.果树杀菌剂菌速清对苹果树腐烂病的防治效果 [J].山西农业科学，37（2）：53-55.

刁静静.2010.羧甲基纤维素钠 [J].肉类研究（3）：66-68.

丁爱云，刘晖，郑继法，等.1996.20%苯扬粉乳油防治苹果树腐烂病研究 [J].落叶果树（S1）：20-21.

丁兰贞，何朝晖，池燕斌，等.199.流胶病发生规律研究 [J] 福建农业科技（6）：18-19.

董金皋，等.2001.农业植物病理学 [M].北京：中国农业出版社.

杜昱光，白雪芳，李曙光，等.2001.寡聚糖生物农药对棉花体内细菌数量和作物生长的作用 [J].中国微生态学杂志，13（2）：70-72.

杜昱光，白雪芳，赵小明，等.2002.壳寡糖对烟草防御酶活性及同工酶酶谱的影响 [J].中国生物防治，18（2）：83-86.

杜战涛，李正鹏，高小宁，等.2013.陕西省苹果树腐烂病周年消长及分生孢子传播规律研究 [J].果树学报，30（5）：819-822.

段学良，刘光东，雏峰.2007.苹果树腐烂病流行的原因及防治对策 [J].北方果树，3：61.

段泽敏，王贤萍，周柏玲.2002.苹果树腐烂病无公害防治技术研究 [J].山西农业科学，30（4）：55-59.

樊民周，张王斌，安德荣，等.2004.陕西苹果腐烂病病原菌的鉴定 [J].西北农业学报，13（3）：60-61.

樊民周.2004.陕西苹果腐烂病发生规律及化学防治的研究 [D].杨凌：西北农林科技大学.

樊玉民，张王斌，安德荣，等.2005.陕西洛川苹果腐烂病发生情况及管理对策 [J].中国植保导刊，25（3）：20-21.

方升佐，徐锡增，吕士行，等.2004.定向培育 [M].合肥：安徽科学技术出版社.

方中达.1998.植病研究方法 [M].（第三版）.北京：中国农业出版社.

冯丽岢，岚县，杨树.2007. 腐烂病危害及防治技术［J］. 山西林业（5）：39.

付军臣，崔剑飞，徐娟.2006. 柳树腐烂病药剂防治试验［J］. 园林科技（3）：26-27.

付颖，王常波，叶非.2005. 我国苦参碱农药研究应用概况［J］. 农药科学与管理，26（12）：30-33.

富象乾，等.1990. 植物分类学［M］. 北京：中国农业出版社.70.

甘烦远，徐纯，郑光植.1995. 寡糖素对红花及三七细胞的生理作用［J］. 植物学通报，12（3）：36-40.

高克祥，刘小光.1995. 苹果树腐烂病研究概况［J］. 河北林学院学报，10（1）：87-91.

高克祥，王淑红，刘晓光，等.1999. 木霉菌株 T88 对 7 种病原真菌的拮抗作用［J］. 河北林果研究，14（2）：159-162.

高思山.1997. 杨干象与杨树腐烂病发生关系的调查［J］. 河北林业科技，9（3）：39.

高正华.2001. 国内外药物凝胶剂研究进展［J］. 中国药房，12（11）：691-691.

郜永贵.2003. 龙爪槐套袋嫁接育苗技术［J］林业科技，28（6）：4-6.

郜左鹏.2008. 利用植物内生放线菌及化学药剂防治苹果树腐烂病的研究［D］. 杨凌：西北农林科技大学.

郜佐鹏，柯希望，韦洁玲，等.2009. 七株植物内生放线菌对苹果树腐烂病的防治作用［J］. 36（5）：410-416.

龚宁，舒红梅.2004. 青霉素对白菜种子萌发和幼苗生长的影响［J］. 贵州师范大学学报：自然科学版，22（2）：22-23.

郭道森，杜桂彩，李丽，等.2004. 迷迭香酸迷迭香酸对几种植物病原真菌的抗菌活性［J］. 微生物通报，31（4）：71-76.

郭红莲，白雪芳，李曙光，等.2003. 壳寡糖诱导草莓细胞活性氧代谢的变化［J］. 园艺学报，30（5）：577-579.

郭晓，高克祥，印敬明.2007. 螺旋毛壳 ND35β-1,3-葡聚糖酶的诱导、性质及其抑菌作用［J］. 植物病理学报，34（1）：51-56.

韩熹莱，陈馥衡，钱传范，等.1993. 中国农业百科全书（农药卷）［M］. 北京：中国农业出版社.28-29.

郝再彬.苍晶.徐仲，等.2004. 植物生理实验［M］. 黑龙江：哈尔滨工业大学出版社.116-117.

何培青，蒋万枫，张金灿，等.2004. 壳寡糖对番茄叶挥发性抗真菌物质及植保素日齐素的诱导效应［J］. 中国海洋大学学报，34（6）：1 008-1 012.

河北昌黎果树所.1980. 苹果树腐烂病病区分布及有关生态因子调查［J］. 中国果树科技文摘（14）：172.

河北省粮油食品进出口公司.1989. 梨·苹果病虫害防治［J］. 石家庄：河北科学技术出版社.

侯德恒.2003. 杨树腐烂病的初步研究［J］. 科技情报开发与经济，13（2）：133-144.

侯海峰.2007. 黄绿青霉菌产毒影响因素的实验观察［D］. 山东：泰山医学院基础医学部：13-14.

侯明生，黄俊斌.2006. 农业植物病理学［M］. 北京：科学出版社.

胡宁林，李树.2009. 流胶病的防治措施［J］. 安徽林业（2）：56-57.

虎小红.陇东.2013. 苹果树腐烂病发生与防治新探［J］. 西北园艺：果树（6）：28-29.

黄丹敏，李树.2006. 流胶病防治技术［J］. 福建农业（11）：22.

黄丹敏，刘琪，侯瑞曦，等.2002.流胶病及其病原菌寄主范围研究［J］.北方果树（5）：18.

黄丽丽，张管曲，康振生，等.2001.果树病害图鉴［M］.西安：西安地图出版社.

黄丽丽.1995.苹果幼树苹果腐烂病的防治［J］.西北园艺，2：38.

黄义江.王宗清.1982.苹果属果树抗寒性的细胞学鉴定［J］.园艺学报，9（3）：23-30.

季兰，贾萍，苗保兰，等.1994.苹果树腐烂病病害程度与树体及土壤内含钾量的相关性［J］.山西农业大学学报，14（2）：141-144.

贾庆奇.2017.防治苹果腐烂病农药基质制备的研究［D］.呼和浩特：内蒙古农业大学.

蒋丽霞，李智.2002.壳聚糖温敏性凝胶的制备及其热敏性实验研究［J］.上海生物医学工程，23（2）：19-21.

景学富，张愈学，杨竹轩，等.1979.苹果树腐烂病的发生与冻害的关系［J］.辽宁农业科学，4：16-19.

柯希望.2009.苹果树腐烂病菌在树皮组织内的扩展观察［D］.杨凌：西北农林科技大学.

柯希望.2013.黑腐皮壳侵染苹果的组织细胞学及转录组学的研究［D］.杨凌：西北农林科技大学.

孔建，王文夕，赵白鸽.1999.枯草芽孢杆菌B-903菌株的研究I.对植物病原菌的抑制作用和防治试验［J］.中国生物防治，15（4）：157-161.

蓝海燕，陈正华.1998.几丁质酶及其研究进展［J］生命科学研究，2（3）：163-171.

李承哲.1991.苹果树腐烂病防治［J］.北方园艺，9：033.

李春，元英进，马忠海，等.2002.寡聚糖诱导悬浮培养红豆杉细胞生理态势的改变［J］.化工学报，53（11）：1 133-1 138.

李德三，杨明江，刘进，等.2007.苹果树腐烂病防治［J］.农业知识：瓜果菜（9）：12-13.

李德三，杨明江，刘进，等.2008.苹果树腐烂病呈上升趋势的原因及对策［J］.烟台果树，1：36-37.

李国贤.2000.杨树腐烂病综合防治技术［J］.河北林业科技，2（1）：27.

李海航，等.1987.青霉素在高等植物中的作用［J］.植物生理学通讯（5）：1-3.

李合生.2000.植物生理生化实验原理和技术［M］.北京：高等教育出版社.164-169.

李红霞，韩秀英，康立娟，等.2004.葡聚六糖诱导烟草抗花叶病毒病研究［J］.农药学学报，6（4）：38-42.

李怀芳，刘凤权，郭小密.2002.园艺植物病理学（面向21世纪全国统编教材）［M］.北京：中国农业大学出版社.

李会.2007.葡聚六糖诱导草莓叶片防御酶系效应的研究［D］.呼和浩特：内蒙古农业大学.

李建波，李显歌，李树.2004.流胶病的发生与防治［J］.农业科技通讯，10：22.

李静，杜柏桥，黄龙，等.2007.羧甲基纤维素钠溶液的流变性质及其在酸性乳饮料中的应用［J］.食品科学，28（11）：56-59.

李美娜.1990.苹果树腐烂病病原菌来源的探讨［J］.北方果树（2）：28-30.

李明贤.1995.北方果树腐烂病的发生规律与防治［J］.中国林副特产，34（3）：20.

李娜，卫军峰，任富平，等.2009."腐必帖"防治苹果树腐烂病新方法的研究［J］.安徽农业科学，37（6）：2 578-2 580，2 595.

李荣涛，刘杰超，焦中高，等.2009.RP-HPLC法测定苹果树枝、叶中根皮苷的含量.食品工业科技.

李如亮.1998.生物化学实验［M］武汉：武汉大学出版社.9-10.

李瑞霞,牛金明,郑思明.2007.杨树腐烂病的发生与防治［J］.科技信息（32）：303.

李随京,杨百亨.2006.苹果腐烂病综合防治技术［J］.农业科技与信息（3）：28-29.

李学安.1989.苹果树腐烂病伤疤大补皮的观察研究［J］.山西果树（1）：29-31.

李雅,宋晓斌,马养民,等.2007.杜仲内生真菌对植物病原真菌的抑菌活性研究［J］.西北农林科技大学学报（自然科学版），35（2）：69-73.

李正才.2007.李树流胶病发生的原因及防治对策［J］.四川农业科技（3）：29.

李正鹏.2012.杨凌糖丝菌 Hhs_ 015 对苹果树腐烂病的生物防治研究［D］.杨凌：西北农林科技大学.

李志军,刘国成,张枭.2013.苹果树腐烂病研究概况［J］.北方果树（4）：1-3.

李志敏,等.1991.苹果树腐烂病感病情况的调查［J］.河北果树（2）：13-14.

辽宁省熊岳农科所.1959.辽宁苹果腐烂病的综合防治研究［J］.中国植物保护科学.北京：科学出版社.803-811.

廖瑞章,张笑娴,侯国山,等.1994.灭菌肥 I 型涂治苹果树腐烂病效果［J］.落叶果树（3）：1-4.

林加财,贺运春,钱江,等.2009.山西历山自然保护区土壤青霉菌（Penicillium）种类研究［J］.山西农业大学学报：自然科学版，29（4）：327-330.

林友文,方圆圆,孟晓丹.2009.壳聚糖凝胶的温敏性及其药物缓释性能研究［J］.福建医科大学学报，43（1）：37-41.

刘冰.壳寡糖及其配合物对糖尿病的作用研究［D］.青岛：中国海洋大学：28.

刘福昌,陈策,史秀琴,等.1979.苹果树腐烂病菌（Valsa mali Miyabe et Yamada）潜伏侵染研究［J］.植物保护学报，6（3）：1-8.

刘福昌,李美娜,王永洼.1980.苹果树腐烂病菌的致病因素——果胶酶的初步探讨［J］.中国果树，（4）：45-48.

刘冠民,春华李.1998.贮藏性能及初探［J］.湖南农学院学报，19（60）：574-579.

刘桂珍,敬德身,姚红旗.1988.苹果树腐烂病药剂防治试验［J］.北方园艺（黑）（4）：33-35.

刘捍中,等.1990.苹果属主要种质资源抗苹果树腐烂病性状鉴定［J］.山西果树（2）：5-8.

刘浩华,张小军,陈丽梅.2008.复方芦荟凝胶剂的制备及临床应用［J］.实用医技杂志，15（18）：2 377-2 379.

刘建伟,诸葛斌,张一波,等.2005.Fenton 试剂法预处理发酵甘油生产提取废水［J］.环境污染治理技术与设备，5（9）：82-85.

刘进杰,王淑芳,卜庆梅,等.2007.壳聚糖涂膜对鲜切马铃薯褐变程度的影响［J］.食品科技（5）：255-258.

刘静.2009.杨树腐烂病防治措施［J］.农村科技（11）：22.

刘开启,牟惠芳.1996.苹果树腐烂病侵染来源的研究［J］.山东农业大学学报：自然科学版，27（3）：281-283.

刘林贵,郭顺美,杨占卿,等.1998.李树流胶病防治初探［J］.内蒙古农业科技（4）：40-41.

刘佩文,同慧侠,何淑华.2000.天津杨树腐烂病及溃疡病的病症及防治［J］.天津农林科技，6（3）：17-18.

刘萍，等 .1998. 青霉素对小麦生理活性及产量的影响 [J]. 麦类作物，18（3）.

刘萍，李春喜，姜丽娜，等 .1998. 青霉素对小麦生理活性及产量的影响 [J]. 麦类作物学报，18（3）：27-29.

刘萍，齐付国，丁义峰，等 .2004. 青霉素和氨苄青霉素对小麦种子萌发及幼苗生理生化的影响 [J]. 华北农学报，19（3）：66-68.

刘琪，何朝辉，黄丹敏，等 .2003. 李树流胶病病原特性及发病规律研究 [J]. 植物保护，29（1）：39-42.

刘琪，侯瑞曦，黄丹敏 .2003. 李树流胶病发生与有关因素的关系 [J]. 福建林业科技，30（2）：45-46，58.

刘瑞志 .2009. 褐藻寡糖促进植物生长与抗逆效应机理研究 [D] 青岛：中国海洋大学.24.

刘素华 .2006. 苹果腐烂病的危害及防治 [J]. 河北林业科技（2）：29-29.

刘素荣 .2008. 杨树腐烂病特征及防治 [J]. 中国林业.

刘英芳，任宝君 .2013. 不同树体环境和管理水平对苹果树梨树腐烂病发生程度的影响 [J]. 防护林科技（4）：30-31.

刘振宇，元玲美，王志勇 .2002. 梨树腐烂病病原菌生长特性研究 [J]. 中国果树（5）：7-9.

刘志坚，张钦书 .1992. 安索菌毒清防治苹果腐烂病试验研究 [J]. 莱阳农学院学报（2）：155-158.

刘忠巍，孙淑凤 .2006. 李树流胶病的发生与防治 [J]. 北方园艺（1）：20-22.

卢航，赵小明，刘启顺，等 .2009. 两种寡糖类激发子诱导烟草抗烟草花叶病毒研究 [J]. 西北农业学报，18（5）：113-115.

鲁世伟，罗兰，李玲玲，等 .2010. 22种植物乙醇提取物对植物病原菌的抑菌作用 [J]. 中国农学通报，26（1）：98-102.

陆卫明，程艳 .1999. 李树腐烂病的综合防治 [J]. 安徽农业（10）：24.

陆阳 .2013. 青霉菌和壳寡糖对苹果腐烂病防治的研究 [D]. 呼和浩特：内蒙古农业大学.

罗兰，袁忠林，孟昭礼 .2006. 邻烯丙基苯酚对植物病原真菌抑制机理初探 [J]. 农药学学报，8（3）：279-282.

罗荣华 .2004. 苹果腐烂病发生规律及防治对策 [J]. 云南农业，3：16.

马爱琴 .2007. 杨树腐烂病危害及防治技术 [J]. 山西林业（2）.

马慧武 .2003. 甘油的用途 [J]. 青海教育，2.

马强，乔国彪，庄霞，等 .2009. 青霉素对苹果腐烂病菌分泌果胶酶活力的影响 [J]. 华北农学报，24（3）：96-98.

马晓东，卫军锋，张王斌，等 .2007. 1.2%瑞拉菌素 EW 对苹果树腐烂病菌的室内毒力测定和田间药效试验 [J] 农药，46（2）：138-139.

马孝义，王文娥，康绍忠，等 .2002. 陕北、渭北苹果降水产量关系与补灌时期初步研究 [J]. 中国农业气象，23（1）：25-28.

马玉英，王念平，程祖强 .2008. 杨树腐烂病的发生与防治 [J]. 现代农业科技（16）：143.

马增新，杨玲玉，孟祥红 .2011. 壳聚糖和壳寡糖对四种青霉病菌生长和病害控制的比较研究 [J]. 食品科学，1.

马志峰，王荣花，贺宏年 .2007. EM 活性菌泥对苹果树腐烂病的防治效果 [J]. 中国农学通报，

23（12）：299-301.

马志峰，王荣花，刘文国，等 . 2007. 陕西渭北地区盛果期苹果树腐烂病调查研究 [J]. 植物保护
（5）：210-212.

孟晶岩，高忠东，王贤萍，等 . 2009. 0.5% 苦参碱水剂对苹果树腐烂病菌的室内毒力测定和田间
药效试验 [J]. 山西农业科学，37（2）：47-49.

孟昭礼，罗兰，尚坚 . 1998. 人工模拟杀菌剂 '绿帝' 对 8 种植物病原菌的室内生测 [J]. 莱阳农
学院学报，15（3）：159-162.

苗聪秀，谢奕，魏武，等 . 1998. 凝胶中的甘油对聚合酶链反应-单链构象多态性技术的影响 [J].
中华医学检验杂志，21（6）：376-376.

闵小芳 . 2007. 柑橘采后致病青霉的分离鉴定及其生物学特性研究 [D]. 湖北：华中农业大学 . 38.

缪继成，李春庆 . 1995. 安索菌毒清防治苹果树腐烂病和梨黑星病试验初报 [J]. 山东林业科技，
（5）：58-60.

缪继成，李春庆 . 1995. 安索菌毒清防治苹果树腐烂病和梨黑星病试验初报 [J]. 山东林业科
技，5.

聂华荣，柳明殊 . 2004. 羧甲基纤维素钠水凝胶的制备及其生物降解性研究 [J]. 功能高分子学
报，16（4）：553-556.

帕拉帝（美）. 2011. 木本植物生理学 [M].（3）. 北京：科学出版社，01：257.

潘永贵，段琪，陈维信 . 2008. 壳聚糖涂膜处理对鲜切杨桃的保鲜效果 [J]. 热带作物学报，
2（29）：146-149.

齐慧霞，杨文兰，李双民，刘振赏 . 2007. 不同培养条件对苹果树腐烂病病菌生长的影响 [J]. 中
国果树（6）：31-34.

乔国彪 . 2007. 青霉素防治苹果树腐烂病机理的研究 [D]. 呼和浩特：内蒙古农业大学 .

曲军，罗朝莉 . 1999. 中药新剂型研究与应用进展 [J]. 中草药，30（12）：946-949.

任秀奇，楚景月，刘丽娜，等 . 2010. 苹果腐烂病综合防控措施 [J]. 辽宁林业科技（4）：50-51.

任月刚，崔建业，李耀辉 . 2001. 国槐腐烂病的综合防治措施 [J]. 内蒙古林业科技，增刊，119.

茹振川，王桂荣，魏建梅，等 . 1999. 木霉菌对苹果腐烂病菌的抑制作用 [J]. 河北果树（4）：
12-13.

陕西省果树所，等 . 1977. 苹果树腐烂病发生规律观察和药剂防治试验 [J]. 中国果树（3）：
37-43.

陕西省果树研究所，西北农学院 . 果树病虫及其防治 [M]. 陕西 .

商文静，赵小明，杜昱光，等 . 2005. 壳寡糖诱导植物抗病毒病研究初报 [J]. 西北农林科技大学
学报（自然科学版），33（5）.

史秀芹，李美娜，王金友，等 . 1981. 苹果树皮真菌区系及其对苹果树腐烂病的影响初步研究 I. 镰
刀菌 110-1 对苹果树腐烂病菌的拮抗作用 [C]. 中国果树科技文献，17：85-87.

史益敏 . 1999. β-1,3-葡聚糖酶的测定 [A] 现代植物生理学实验指南 [C]. 中国科学院上海植物
生理研究所主编 . 北京：科学出版社：128-129.

四川农大，山东农大，浙江农大，河北农大 . 1992. 果树病理学 [M]. 56-82.

宋冬梅，谷连英，崔海江 . 2005. 浅谈杨树腐烂病的防治 [J]. 中国科技信息（12）：24.

宋如，钱仁渊，李成，等 . 2008. 甘油新用途研究进展 [J]. 中国油脂，33（5）：40-44.

苏小记，贾丽娜，王亚红，等．2004．2.0%氨基寡糖素水剂防治西瓜病毒病药效试验 [J]．陕西农业科学 (4)：8-9.

苏小记，王亚红，贾丽娜，等．2004．氨基寡糖素对番茄主要病害的防治作用 [J]．西北农业学报，13 (2)：79-82.

苏英科，杨占才，初文廷．1994．菌毒清防治苹果树腐烂病 [J]．农药，33 (5)：53-54.

孙存华．1990．青霉素对小麦种子发芽和幼苗生长的影响 [J]．植物生理学通讯 (5)：32-35.

孙广宇，宗兆锋．2002．植物病理学实验技术 [M]．北京．中国农业出版社.

孙广宇．2017．营养失衡是我国苹果树腐烂病大流行的主要原因 [J]．果农之友.

孙禄．1998．槐树的栽培及利用 [J]．特种经济动植物 (6)：24-25.

孙新忠．2009．杨树腐烂病防治技术 [J]．农村科技 (2)：43-44.

孙艳秋，李宝聚，陈捷．2005．寡聚糖与多糖混合诱导蔬菜抗病性的研究 [J]．农药，44 (2)：63-65.

汤菊香，冯艳芳．2001．KH2PO4 和青霉素对小麦老化种子发芽及幼苗生长的影响 [J]．种子 (4)：19-20.

陶刚，刘杏忠，王革，等．2005．产几丁质酶木霉生防菌株的生化测定 [J]．西南农业学报，18 (4)：453-454.

仝国彦．2009．杨树腐烂病的发生及综合防治 [J]．植物保护 (3)：128.

佟树敏，李学静，杨先芹．2001．0.6%苦·小碱杀菌水研制及在苹果树上的应用 [J]．农业环境保护，21 (1)：67-69.

万方浩，叶正楚，郭建英，等．2000．我国生物防治研究的进展及展望 [J]．昆虫知识，37 (2)：65-74.

汪景彦，刘凤之，程存刚．2008．我国苹果栽培技术 50 年回顾与展望 [J]．果农之友 (11)：3-5.

汪景彦．1993．近年水果生产国产量消长情况 [J]．北方果树 (3)：29-30.

汪学荣，阚建全，邓尚贵．2006．羧甲基纤维素钠在食品工业中应用及研究现状 [J]．粮食与油脂 (3)：42-45.

汪应香．2009．防治杨树腐烂病药剂筛选试验 [J]．现代农业科技 (15)：137-142.

王东昌，辛玉成，郝秀青，等．2001．苹果树枝干病害的生物防治 [J]．吉林农业科，26 (2)：49-50.

王飞，陈登文，高爱琴，等．1999．杏品种一年生休眠枝、花、幼果抗寒的相关分析 [J]．西北植物学报，19 (4)：618-622.

王飞，陈登文，李嘉瑞，等．1995．杏花及幼果的抗寒性研究 [J]．西北植物学报，15 (2)：133-137.

王巩．1985．南江苏徐淮地区苹果树腐烂病的发生与防治 [J]．江苏农业科学 (7)：21-22.

王光亮，于金友，石玉萍，等．2004．植物病害生物防治研究进展 [J]．山东农业科学，4：75-76.

王建华，高扬帆，吴艳兵，等．2008．氯化钙和青霉素对黄瓜老化种子发芽及幼苗生长的影响 [J]．河南科技学院学报自然科学版，36 (2)：35-36.

王金生．1999．分子植物病理学 [M]．北京：中国农业出版社.

王金友，等．1985．苹果树腐烂病疤重犯原因的研究 [J]．中国果树 (3)：37-42.

王金友，等．1986．苹果树腐烂病病疤重犯的防治技术研究 [J]．中国果树 (1)：14-16.

王金友，等．1988．苹果树腐烂病侵染源周年形成的调查研究［J］．中国果树（3）：28-30.

王金友，等．1989．苹果树腐烂病流行因素研究果园内病原体密度与侵染发病关系［J］．植物病理学报，19（1）：1-6.

王金友，等．1991．苹果树腐烂病的侵染及发病因素研究［J］．中国果树（2）：14-17，41.

王金友，李美娜，陈策．1989．苹果树腐烂病流行因素研究：果园内病原体密度与侵染发病关系［J］．植物病理学报，19（1）：6.

王金友，李美娜，陈策．1989．生物农药"腐必清"防治苹果树腐烂病重犯试验．中国果树（2）：22-25.

王金友，李美娜，齐永安，等．1997．苹果树皮组织结构衰老变化与腐烂病的关系及调控效应研究［J］．植物病理学报，27（2）：145-148.

王金友，李美娜，史秀琴，等．1985．苹果树腐烂病病斑重犯原因的研究［J］．中国果树，3：37-42.

王金友，李美娜，史秀琴．1986．苹果树腐烂病病斑重犯的防治技术研究［J］．中国果树，1：14-16.

王金友．1986．近年来苹果树腐烂病大发生的原因分析及防治意见［J］．农业科技通讯（12）：26-27.

王金友．2006．陕北地区苹果腐烂病防治建议［J］．西北园艺，4：19-20.

王金友．2007．苹果树腐烂病及其防治［M］．北京：金盾出版社．

王娟．2009．青霉素对苹果树及腐烂病根皮苷影响的研究［J］．呼和浩特：内蒙古农业大学．

王娟．2009．青霉素对苹果树及腐烂病中根皮苷影响的研究［D］．呼和浩特：内蒙古农业大学．32.

王娟慧，谭兴和，熊兴耀，等．2007．壳聚糖涂膜对鲜切马铃薯保鲜效果的影响［J］．食品工业科技，28（8）：215-221.

王磊，臧睿，黄丽丽，等．2005．陕西关中地区苹果树腐烂病调查初报［J］．西北农林科技大学学报，33（增刊）：98-100.

王磊，臧睿，黄丽丽，等．2006．陕西省关中地区苹果树腐烂病调查初报［J］．西北农林科技大学学报：自然科学版，33（B08）：98-100.

王磊．2007．苹果树腐烂病防治新药剂和拮抗菌的研究［D］．杨凌：西北农林科技大学．

王孟，王爱芝，王坤宇，等．2009．李树病虫害综合防治技术［J］．现代农业科技，（13）：176.

王书．2007．柳树主要病害防治［J］．安徽林业（3）：45.

王术荣，王贺．2007．苹果树腐烂病发生与蔓延的原因及防治［J］．天津农林科技，2（1）：34-35.

王王之，胡正海．1997．槐树组织细胞培养的研究［J］．西北植物学报，17（5）：1-6.

王喜英．2008．杨树腐烂病及其防治［J］．河北林业（3）：18，20.

王旭丽．2007．中国苹果树腐烂病菌的种类；r DNA-ITS序列和表型比较研究［D］．杨凌：西北农林科技大学．20-21.

王彦华，王鸣华，张久双．2007．农药剂型发展概况［J］．农药，46（5）：300-304.

王宇霖．从世界苹果、梨生产期发展趋势与国际贸易看我国苹果、梨存在的问题［J］．果树学报，18（3）：127-132.

魏德保．1986．果品营养与食疗［M］．北京：中国农业出版社．

魏景超 . 1979. 真菌鉴定手册 [M]. 上海：上海科学技术出版社.

魏莉, 张勇 . 1998. 苹果树腐烂病无公害防治 [J]. 辽宁城乡环境科技, 18 (4)：67-68.

魏莉, 张勇 . 2006. 中药无公害防治苹果树腐烂病技术及效果 [J]. 辽宁师范大学学报（自然科学版）, 29 (2)：226-228.

魏莉 . 张勇 . 1998. 苹果树腐烂病无公害防治 [J]. 辽宁城乡环境科技, 18 (4)：67-68.

邬国英, 林西平, 巫淼鑫, 等 . 2003. 棉籽油甲酯化联产生物柴油和甘油 [J]. 中国油脂, 28 (4)：70-73.

吴芳, 刘红霞, 侯世星, 等 . 2012. 梨树腐烂病在香梨树体上的空间分布特点 [J]. 中国农学通报, 28 (10)：277-281.

奚启新, 关振华, 王洪亮 . 柳树腐烂病暴发流行分析 [J]. 北方园艺 (129)：65.

晓志 . 2006. 治疗果树腐烂病七法 [N]. 河南科技报 (5).

辛选民, 刘秉利 . 2002. 陕西渭北旱塬 2002 年苹果树腐烂病重度发生的原因 [J]. 西北园艺, 5：40.

辛雅芬, 商金杰 . 2005. 用螺旋毛壳（Chaetomium spirale）ND35 菌防治果树腐烂病的试验研究 [J]. Journal of Forestry Research, 16 (2)：121-124.

辛玉成, 于保文 . 1995. 植物质药剂 GX-80 的研制及在苹果树上的应用 [J]. 落叶果树 (2)：10-13.

新疆克拉玛依区园林有害生物名录（病害及杂草部分）[J]. 新疆农业科技, 2006 增刊, 89-93.

信桂芳, 王惠玲, 郭广杰, 等 . 2007. 杨树腐烂病发生现状调查分析及应对措施 [J] 河北林业科技, 4 (2)：23.

徐季亮 . 1999. 羧甲基纤维素钠在冰淇淋中的应用 [J]. 冷饮与速冻食品工业, 5 (4)：22-22.

徐麟, 李文慧, 章世奎, 等 . 2013. 苹果树腐烂病发生原因及防治措施 [J]. 农村科技 (11)：33-34.

许艳丽, 李春杰, 李兆林, 等 . 2003. 寡聚糖对大豆防御酶活性的影响 [J]. 中国油料作物学报, 25 (4)：69-72.

许志刚 . 1979. 普通植物病理学 [M]. 第 2 版 . 6-57.

薛应龙 . 1985. 植物生理学实验手册 [M]. 上海：上海科学技术出版社 . 191-192.

薛应龙 . 1990. 植物生理学实验手册 . 北京：科学出版社 . 191-192.

亚玲, 魏红妮 . 2008. 苹果树腐烂病发生原因及综合防治 [J]. 北方果树 (2)：31-33.

盐人良贞, 等 . 1982. 苹果树的树势与腐烂病的发生消长 [J]. 植物病理学文摘 (5)：7.

阎应理, 等 . 1988. 苹果腐烂病菌分生孢子田间消长规律研究 [J]. 植物病理学报, 18 (4)：208-210.

杨洪瑞, 等 . 1985. 福美砷防治苹果腐烂病开发试验 [J]. 中国果树 (2)：34-37.

杨洪瑞, 冷绍龙 . 1985. 福美砷防治苹果腐烂病开发试验 [J]. 中国果树 (2)：34-37.

杨会国 . 2006. 幼龄杨树腐烂病趋重发生的原因及防治对策 [J]. 河北林业科技, 12 (6)：26.

杨卫东 . 2008. 柳树对镉积累、忍耐与解毒生理机制初步研究 [D]. 北京：中国林业科学院：1-3.

杨燕, 魏海娟, 赵震, 等 . 2011. 植物提取物多羟基双萘醛对苹果腐烂病菌的抑制作用研究 [J]. 植物病理学报, 41 (4)：421-427.

杨志萍, 于田田, 姚卫蓉, 等 . 2005. 植物农药发展现状及前景 [J]. 植物医生, 18 (2)：4-5.

姚启东 .1996. 生石灰防治杨树腐烂病试验 [J]. 安徽林业科技 (3)：27-28.

叶于芳，陈子文，张良皖，等 .1981. 太阳辐射与苹果树腐烂病早春发生关系以及树干保护的防腐
作用 [J]. 植物病理学报，11（3）：31-36.

尹宝重、刘博燕，刘盼，等 .2017. 苹果树皮内生菌对苹果树腐烂病的防治效果 [J]. 江苏农业
科学.

应理，等 .1988. 苹果腐烂病菌分生孢子田间消长规律研究 [J]. 植物病理学报，18（4）：
208-210.

于汉寿，陈永萱 .2002. 壳聚糖对水稻恶苗病菌和油菜菌核病菌的作用 [J]. 植物保护学报，
29（24）：295-299.

于平儒，邵红军，冯俊涛，等 .2001.62 种植物样品对菌丝活性的测定 α [J]. 西北农林科技大学
学报（自然科学版），29（6）.

于平儒，邵红军，冯俊涛，等 .2001.62 种植物样品对菌丝活性的测定 [J]. 西北农林科技大学学
报（自然科学版），299（5）：65-69.

余露，李纬，谭健，等 .1995. 低聚糖提高小麦抗病性及其应用于防治小麦赤霉病的研究 [J]. 生
物工程进展，15（6）：36-39.

余清，刘勇，莫笑晗，等 .2002. 氨基寡糖素在烟草上的应用 [J]. 中国生物防治，18（3）：
128-131.

余叔文 . 汤章城 . 植物生理与分子生物学 [M]. 第 2 版 . 北京：科学出版社 .770-783.

余永廷，谢媛媛，黄丽丽，等 .2007. 不同碳、氮源组合对小麦全蚀病菌产生胞外 β-1,3-葡聚糖
酶的影响 [J]. 西北农林科技大学学报（自然科学版），35（2）：110-114.

俞明亮，马瑞娟，赵密珍，等 .2001. 桃树体内生化代谢与其对流胶病抗性的关系 [J]. 江苏农业
学报，17（4）：241-243.

袁海娜 .2005. 冬瓜贮藏过程中 PPO、POD 和 CAT 活性及同功酶研究 [J]. 食品研究与开发，26
（1）：61-63.

原田幸雄 .1979. 培养基上苹果树腐烂病菌分生孢子器的形成 [J]. 植物病理学文摘 (1)：45-47.

臧睿，黄丽丽，康振生，等 .2007. 陕西苹果树腐烂病菌（Cytospora spp.）不同分离株的生物学特
性与致病性研究 [J]. 植物病理学报，37（4）：343-351.

曾蓉，冯志程，邵正中，等 .2007. 变温核磁共振对壳聚糖/磷酸甘油盐温敏性水凝胶的初步研究
[J]. 化学学报，65（21）：2 459-2 465.

曾士迈 .2005. 宏观植物病理学 [M]. 北京：中国农业出版社.

展立然，张克诚，冉隆贤，等 .2008. 苹果腐烂病菌拮抗放线菌的分离与鉴定 [J]. 河北林果研
究，23（2）：182-186.

张百俊，李贞霞，陈英照 .2004. 青霉素对黄瓜种子萌发及幼苗生长的影响 [J]. 河南职业技术师
范学院学报，32（3）：35-36，46.

张飞，等 .2004. 果胶酶活力的测定方法研究 [J]. 西北农业学报，13（4）：134-137.

张飞，岳田利，费坚，等 .2004. 果胶酶活力的测定方法研究 [J]. 西北农业学报，13（4）：134-
136.

张弘弛，马养民，刘瑞，等 .2007. 无花果内生真菌的研究抗植物病原真菌活性的筛选 [J]. 西北
农业学报，16（2）：232-236.

张满良．1997．农业植物病理学［M］．西安：世界图书出版公司．

张宁，徐艳明，祁永华，等．2010．外用凝胶剂研究进展［J］．黑龙江医药，23（1）：92．

张王斌，王兰，安德荣，等．2006．苹果树腐烂病发生危害与相关因子调查［J］．中国果树（2）：28-31．

张文鑫，马强．2014．产黄青霉菌及其代谢产物对苹果树腐烂病的诱导抗性研究［J］．内蒙古农业科技．

张小冰．1998．青霉素———一种新的生长促进型植物生长调节剂［J］．生物科学综（1）．

张晓伟．2010．防治树木腐烂病新药物的效果的研究［J］．呼和浩特：内蒙古农业大学．

张焱珍，周会明，李晓君，等．2013．我国农药剂型的发展趋势及展望［J］．农业科技通讯（9）：25-27．

张义英，王俊儒，龚月桦，等．2006．骆驼蓬醇提物抑菌活性的初步研究［J］．西北农林科技大学学报（自然科学版），34（11）：121-128．

赵峰．李勤．2000．1999年世界主产国的苹果产量及出口状况［J］．落叶果树（6）：57．

赵惠萍．2007．苹果腐烂病防治技术［J］．河北果树（1）：41-42．

赵蕾，汪天虹．1999．几丁质、壳聚糖在植物保护中的研究与应用进展［J］．植物保护，25（1）：43-44．

赵鹏华，刘玉红，王义华．2009．杨树腐烂病与溃疡病的发生及防治［J］．现代农业科技（21）：145，148．

赵书华，翟玉洛，唐治红．2008．苹果树腐烂病发生较重原因调查及分析［J］．中国果树（4）：60-62．

赵小明，杜昱光．2006．寡糖激发子及其诱导植物抗病性机理研究进展［J］．中国农业科技导报，8（6）：26-32．

赵小明．2006．壳寡糖诱导植物抗病性及其诱抗机理的初步研究［D］．大连：中国科学院研究生院（大连化学物理研究所）．

郑林彦，韩涛，李丽萍，等．2007．4-己基间苯二酚对鲜切桃色泽相关生理的影响［J］．园艺学报，34（6）：1 367-1 372．

郑蔚虹，冷建梅．2004．青霉素，过氧化氢和高锰酸钾浸种对沙棘种子萌发及幼苗生长的影响［J］．种子（6）：21-22．

中国化工学会生物化工专业委员会．2006．生物基化学品以工业生物技术制备化学品［C］．生物加工过程．

中国农科院果树所．1959．中国果树病虫志［M］．北京：中国农业出版社．

中国农科院果树所．1964—1971．中国果树科技文摘［M］．北京：中国农业出版社．

中国农科院果树所．1971．关于苹果树腐烂病发生、浸染规律和病菌生物学特性的研究报告［J］．辽宁农业科技（10）：2-20．

中国农科院果树所．1983．关于苹果树腐烂病发生、侵染规律和病菌生物学特性的研究报告［J］．中国果树科技文摘（17）：85-87．

中国农科院果树所．1983．中国果树科技文摘［M］．北京：中国农业出版社．

中国农科院果树所．1985．中国果树科技文摘［M］．北京：中国农业出版社．

中国农业科学院植物保护研究所．1996．中国农作物病虫害［M］．第2版．北京：中国农业出版社.

终树敏，李学静，杨先芹．2001．0.6%苦．小碱杀菌水研制及在苹果树上的应用 ［J］．农业环境保护，21（1）：67-69．

朱昌雄，白新盛，张木．2002．生物农药的发展现状及前景展望 ［J］．上海环境科学，11．

朱昌雄，丁振华．2003．微生物农药剂型研究发展趋势 ［J］．现代化工，23（3）：4-8．

朱建华，等．1995．青霉素对几种作物种子发芽率和幼苗生长的影响 ［J］．植物生理学通讯，31（5）：344-346．

诸葛健，方慧英．1994．发酵法生产甘油的研究进展 ［J］．食品与发酵工业，4：65-70．

祝美云，李梅，朱世明．2009．壳聚糖复合保鲜剂对鲜切李子品质的影响及其配方筛选 ［J］．浙江农业学报，21（4）：375-378．

庄霞．2008．苹果树腐烂病病原菌鉴定及无公害防治新技术的研究 ［D］．呼和浩特：内蒙古农业大学．

宗兆锋，康振生．2002．植物病理学原理 ［M］．北京：中国农业出版社．

邹志恒，宋琼莉，谢明贵．2002．寡聚糖在动物营养中的研究应用及前景展望 ［J］．动物科学与动物医学，19（3）：34-36．

H. L. 巴尼特，B. B. 亨特．1987．半知菌图解 ［M］．北京：科学出版社．

Abeles F B, Biles C L. 1991. Characterization of peroxidases in lignifying, peach fruit endocarp ［J］. Plant Physiol. 95：269-273.

Albersheimp, Valent B S. 1978. Host-pathogen interactions in plants. Plants, when exposed to oligosaccharides of fungal origin, defend themselves by accumulating antibiotics ［J］. The Journal of Cell Biology, 78 (3)：627-632.

Ardelvan O. 1966. Amino acids and plant disease ［J］. Annual Review Phytopathology, 4：349-368.

Arshad M. , Frankenberger W T J. 1998. Plant groeth-ergulating substance in the rhizosphere：microbial production and functions ［J］. Adv Agorn, 62：145-151.

Barakat R M, Johnson D A, Grove G G. 1995. Factors affecting conidial exudation and survival, and ascospore germination of Leucostoma cincta ［J］. Plant Disease, 79：1 245-1 248.

Besseau S, Hoffmann L, Gcoflroy P, et al. 2007. Flavonoid accumulation in arabidopsis repressed in lignin synthesis affects auxin transport and plant growth. Plant Cell.

Biggs A R. , Miles N W. 1988. Association of suberin formation in uninoculated wounds with susceptibility to Leucostoma cincta and L. persoonii in various peach cultivars ［J］. Phytopathology, 78：1070-1074.

Biggs A R. 1989. Integrated control of Leucostoma canker of peach in Ontario ［J］. Plant Disease, 73：869-874.

Biggs A R. 1997. Genetic and temporal variation in abscission zone formation in peach leaves in relation to peach canker disease ［J］. Canadian Journal of Botany, 75：717-722.

Biggs A R. Peterson C A. 1990. Effect of chemical application to peach bark wounds on accumulation of lignin and suberin and susceptibility to Leucostoma persoonii ［J］. Phytopathology, 80：861-865.

Bloomberg W. 1962. Cytospora canker of poplars：the moisture relations and anatomy of the host ［J］. Canadian Journal of Botany, 40：1 281-1 292.

Boer B, Bom P, Kindt F, et al. 2003. Control of Fusarium of radish by combing pseudomonas putida strains that have different disease-suppressive mechanisms [J]. Phytopathology, 93: 626-632.

Boller J, Gehri A, Mauch F, et al. 1983. Chitinase in bean leaves: induction by ethylene, purification, properties, and possible function [J]. Planta, 157: 22-31.

Boller T. 1985. Induction of hydrolases as a defense reaction against pathogens [A]. In: Alan RL. Celler and molecular biology of plantstress [C]. New York: 247-262.

Brown D E, Rashottte A M, Murphy A S, et al. 2001. Flavonoides act as negative regulators of auxin transport in vivo in arabidopsis. Plant Physiol.

Buer C S, Muday G K. 2004. The transparent testa4 mutation prevents flavoniod synthesis and alters auxin transport and the response of Arabidopsos roots to gravity and light [J]. Plant Cell.

Bukrs S, Jacobi W R, Mclntyre G A. 1998. Cytospora canker development on aspen in response to nitrogen fertilization [J]. Jounral Arhnrieuluter, 24: 28-34.

Cachinero J M, Cabello F, Jorrin J, et al. 1996. Induction of different chitinase and beta-1, 3-glucanase isoenzymes in sunf] ower (IIelianthus annuus L.) seedlings in response to infection by Plasmopara hulstedii [J]. European Iournal of Plant Pathology, 102 (4): 401-405.

CAI X ZH (蔡新忠), ZHENG ZH (郑重). 1997. Biochemical mechanisms of salicylic-induced resistance to rice seedling blast [J]. Acta Phyto-pathologica Sinica (植物病理学报), 27 (3): 231-236 (in Chinese).

Chen H, Yuan J P, Chen F, et al. 1997. Tanshinone production in Ti-transformed<i>Salvia miltiorrhiza </i>cell suspension cultures [J]. Journal of biotechnology, 58 (3): 147-156.

Dare A P, Tomes S, Cooney J M, et al. 2013. The role of enoyl reductase genes in phloridzin biosynthesis in apple [J]. Plant Physiol. Biochem.

Dare A P, Yauk Y K, Tomes S, et al. 2017. Silencing a phloretin-specific glycosyltransferase perturbs both general phenylpropanoid biosynthesis and plant development [J]. Plant J.

Dhanvantari B N. 1978. Cold predisposition of dormat peach twigs to nodal canker caused by Leucostoma spp [J]. Phytopathology, 68: 1 779-1 783.

Dickerson, D. P., S. F. 1984. Pascholati, A. Ehagerman, L. G. Butler, R. L. Nigholson: Pheny la - lanine ammonia-lyase and hydroxycinnamate: Co A ligase in maize mesocotyls inoculated with Helminthosporium maydis or Helminthosporium carbonum [J]. Physiol Pl. Pathol. 25, 111-123.

Dobbelaere S, Croonenborghs A, Thys A, et al. 1999. Analysis and relevance of the phytostimulatory effect of genetically modified Azospirillum brilienxe strains upon wheat inocu lation [J]. Plant soil, 212: 155-164.

Dobbelaere S, Croonenborghs A, Thys A, et al. 2001. Responses of agronomicaly important crops to inoculation with Azospirillum [J]. Aust J Plant Physiol, 28: 871-879.

Défago G. 1942. Seconde contribution a le connaissance des Valsées v. H [J]. Phytopathologische Zeitschrift, 14: 103-147.

Friml J. 2003. Auxin transport-shaping the plant [J]. Curr. Opinl Plant Biol.

Gairola C, D Powell. 1971. Extracellular enzymes and pathogenesis by peach Cytospora [J]. Phytopathology, 72: 305-314.

Galweiler L, Guan C, Muller A, et al. 1998. Regulation of polar auxin transport by AtPINI in Arabidopsis vascular tissue. Science.

Ganggan H u, Rijkenberg H J. 1998. Subcellular localization of $\beta-1,3-$glucanase in Puccinia recondite f. sp. tritic-infected wheat leaves [J]. Planta, 204: 324-334.

Gaudin V, Vrain D, Jouanin L. 1994. Bacterial genes modifying hormonal balance in plant [J]. Plant Physiol Biochem, 32: 11-29.

Geisler M, Blakeslee J J, Bouchard R, Lee O R, *et al.* 2005. Cellular efflux of auxin catalyzed by the Arabidopsis MDR/PGP transporter AtPGPL. Plant J.

Glick B R. 1995. The enhancement of plant by free-living bacteria [J]. Can J Micorbiol, 41: 109-117.

Graessle S, Haas H, Friedlin E, *et al.* 1997. Regulated system for heterologous gene expression in Penicillium Chrysogenum [J]. Appl Environ Microbiol, 63 (2): 753-756.

Hammerschmidt R, Nuckles E M, KućJ. 1982. Association of enhanced peroxidase activity with induced systemic resistance of cucumber to < i > Colletotrichum lagenarium </i > [J]. Physiological Plant Pathology, 20 (1): 73-82.

Hammerschmidt, R. . E. M. Nuckles, J. Kuc. 1982. Association of enhanced peroxidase activity with induced systemic resistance of cucumber to Colletotrichum lagenarium [J]. Physiol. Ph. Pathol, 20, 73-82.

Hancock C R, Barlow H W B, Lacey H J. 1962. The behaviour of phloridzin in the coleoptile straight growth test. J Exp. Bot.

Handelsman J. , Stabb E. V. 1996. Biocontrol of soilborne plant pathogens [J]. The plant cell, 8: 1 855-1 869.

Helton A W, Konicek D E. 1962. An optimum environment for the culturing of Cytospora isolates from stone fruit II. Carbon sources [J]. Mycopathologia et Mycologia Applicata, 16: 27-34.

HUANG Q Q (黄清泉), SUN X (孙歆), ZHANG N H (张年辉), FENG H (冯鸿), YUAN SH (袁澍). 2004. Effects of salicylic acid on leaves of cucumber seedling sunder water tress [J]. Acta Bot. Boreal. 2Occident. Sin. (西北植物学报), 24 (12): 2202-2207 (in Chinese).

Huber D M, Watson R D. 1974. Nitrogen form and plant disease [J]. Annual Review Phytopathology, 12: 139-165.

Hui Chen, Jian-Ping Yuan, Feng Chen, *et al.* 1997. Tanshinone production in Ti-transformed salvia miltiorrhiza cell suspension cultures [J]. Journal of Biology, 58: 147-156.

JALII R. 1988. Studies on forest resistance of some grape vine cultivars [J]. Agriculture Science, 7 (3-4): 161-173.

Jensen C J, Adams G C. 1995. Nitrogen metabolism of Leucostoma persoonii and L. cincta in virulent and hypo virulent isolates [J]. Mycologia, 87: 864-875.

Jesus Molano, Itzhack Polacheck. 1979. An Endochitinase from Wheat Germ [J]. The Journal of Biological Chemistry, 254 (11): 4 901-4 907.

Jones OP. 1976. Effect of phloridzin and phloroglucinol on apple shoots [J]. Nature.

Joosten MHAJ, *et al.* 1989. Identification of several pathogenesis-related proteins in tomato leaves inculated with Cladosporium fulvum (syn. Fulvia fulva) as 1,3-β-glucanases and chitinases. Plant Physiol, 89: 945-951.

Kern H. 1957. Untersuchungen ueber die Umgrenzung der Arten in der Ascomyceten-Gattung Leucostoma [J]. Phtopathologische Zeitschrift, 30: 149-180.

KIKUMOTO T. 2000. Ecology and biocontrol of soft rot of Chinese cabbage [J]. Journal of General Plant Pathology, 66 (3): 275-277.

Kobayashi T. 1970. Taxonomic studies of Japanese Diaporthaceae with special reference to their life histories [J]. Bulletin No. 226. Government Forest Research Experiment Station, Japan.

Koganezawa H, Sakuma T. 1982. Possible role of breakdown products of phloridzin in symptom development by valsa ceratosperma [J]. Annual phytopathology society Japan, 48: 521-528.

Kortemaa H, Pennanen T, Smolander A. et al. 1997. Disteribution of Antagonistic Streptomyces griseoviridis in Rhizosphere and Non-rhizosphere. Sand J [J]. Phytopathology, 145: 137-143.

Larkin R P, Fravel D R. 1999. Meehanismso faction and doseres Ponserelationshi Psgoverning biologieal control of Fusarium wilt of tomato by non-pathogenie Fusariums P P [J]. Histo Pathology, 89: 1 152-1 161.

Leonian L H. 1921. Studies on the Valsa apple canker in New Mexico [J]. Phytopathology, 11: 236-243.

Leonian L H. 1923. The physiology of perithecial and pycnidial formation in Valsa leucostoma [J]. Phytopathology, 6.

LI J (李靖), LI R Q (利容千), YUAN W J (袁文静). 1991. On the change of enzyme activities of cucumber leaf by pseudoperonospora cubensis [J]. Acta Phytopathologica Sinica (植物病理学报), 21 (4): 277-282 (in Chinese).

LI L Y (李落叶), GUO P (郭萍), JING J X (井金学), LI ZH Q (李振岐). 2003. Research on striperust resistance of wheat induced by oligosacchar-ides [J]. Acta Bot. Boreal. 2Occident. Sin. (西北植物学报), 23 (10): 1 784-1 787 (in Chinese).

Low-temperuatre injury as a contributing factor in Cytospora isolates invasion of plum trees [J]. Plant disease reporter, 1961, 45: 591-597.

Mauch F et al. 1988. Antifungal hydrolases in pea tissue. Pl Physiol, 87: 325-333.

Nakata K. 1941. Disease of economic plants in northern China and Mongolia [R]. Kahoka Agr Exp Sta Rept, 1: 1-72.

Natsume H, Seto H, Otake N. 1982. Studies on apple canker disease [J]. The necrotic toxins produced by Valsa ceratosperma, Gr. Biol. Chem. , 6 (8): 2 101-2 106.

Niedz RP, Doostdar H, Mc Collum TG, et al. 1995. Plant dcfensive protcins and disease resistance in citrus [J]. Procecdings of the Florida State Horticultural Society, 107: 79-82.

Patra H K, Mishra D. 1979. Pyrophosphatase, peroxidase and polyphenoloxidase activities during leaf development and senescence [J]. Plant physiology, 63 (2): 318-323.

Roby D, Toppan A, Rsquerre Tunaye M T. 1985. Cell surfaces in plant microornanism interactions V. Elicitors of funnal and plant orinin trigger the synthesis of ethylene and of cell wall hydroxyproline-rich glycoproteins in plants. Plant Physiol. 77: 700-704.

Rohrbach K G, Luepschen N S. 1968. Environmental and nutritional factors affecting Pycnidiospore Germintion of Cytospora leucostoma [J]. Phytopathology, 58: 1 134-1 138.

Rozsnyay D S. Bama B. 1974. Apopleiy of apricots IV studies on the toiin production of Cytospora (Valsa) cincta Sacc [J]. Acta Plytopathologica Academie Sciences Hungary, 9: 301-310.

Sharp J K, Mc Neilm, Albersheimp. 1984. The primary structure of one elicitor-active and seven elicitor-inactive hexa (β-D-glucopyranosyl) -D-glucitols isolated from the mycelial walls of phytophthora megaspermaf. sp. glycinea [J]. J Biol Chem, 259: 11 321-11 326.

Sharp J K, Valent B S, Albersheimp. 1984. Purification and characterization of a β-glucan fragment that elicits phytoalexin accumulation in soybean [J]. J Biol Chem, 259: 11 312-11 320.

Singh H P, Singh T A. 1993. The interaction of rockphosphate, Brarhizobium, vesicular-arbuscular mycorrhizae and phosphate-solubilizing microbes on soybean groum in a sub-Himalayan mollisol [J]. Mycorrhiza, 4: 34-43.

Su B, Liu Y G, Ouyang G C. 1993. Accumulatio of hydroxyproline rich nlycop-rotein in cucumber leaves induced by fungal elicitors Plane Physiol Commun. 29: 337-339 (in Chinese).

Svircev A M, Biggs A R, Miles N W. 1991. Isolation and partial purification of phytotoxins from liquid cultures of Leucostoma cincta and Leucostoma persoonii [J]. Canadian Journal Botany, 69: 1998-2003.

Tekuaz A, Patrick Z A. 1974. The role twig infection in the incidence of perennial of peach [J]. Phytopathology, 64: 683-688.

Togashi K. 1924. Some studies on a Japanese apple canker and its causal fungus, valsa mali [J]. Jour Coll Agr Hokkaido Imp Univ, 12 (3): 265-321.

Toyoda H, et al. 1991. Suppression of the powdery mildew pathogen by chitinase microinjected into barley coleoptile epidermal cells. Plant Cell Reporter, 10: 217-220.

Wang A Y, Brown H. N, Crowley D. E., et al. 1993. Evidence for direct utilization of a siderophore, ferrtioxamine B, in axenically grown cucumber [J]. Plant Cell Environ, 16: 579-582.

Weaver D J. 1974. A gummosis disease of peach trees caused by Botryosphaeria dothidea. Phytopatbology, 64: 1 429-1 432.

Williams A H. 1964. Dihydrochalcones: their occurrence and use as indicators in chemical plant taxonomy [J]. Nature, 202: 824.

Zhang Hongxia Jiang Xiaolu Mou Haiji l. 2005. Research actuality of microbe pectinases [J]. Biotechnology, 10 (15): 92-95 (in Chinese).